絮凝剂
配方与制备

李东光 主编

U0216675

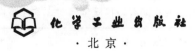

化学工业出版社

·北京·

本书收集整理了190种无机凝聚剂、无机高分子絮凝剂、合成有机高分子絮凝剂、天然有机高分子絮凝剂的相关配方与制备技术，内容包括原料配比、制备方法、产品应用、产品特性等。

本书适合从事絮凝剂生产、研发、应用的人员使用，也可供精细化工、环境等相关专业师生参考。

图书在版编目（CIP）数据

絮凝剂配方与制备/李东光主编 . —北京：化学工业
出版社，2019.4（2022.9 重印）
ISBN 978-7-122-33945-4

Ⅰ.①絮…　Ⅱ.①李…　Ⅲ.①絮凝剂-配方②絮凝剂-
制备　Ⅳ.①TQ047.1

中国版本图书馆 CIP 数据核字（2019）第 031899 号

责任编辑：张　艳　刘　军　　　　　　　文字编辑：陈　雨
责任校对：张雨彤　　　　　　　　　　　装帧设计：王晓宇

出版发行：化学工业出版社（北京市东城区青年湖南街 13 号　邮政编码 100011）
印　　装：北京虎彩文化传播有限公司
710mm×1000mm　1/16　印张 13½　字数 273 千字　2022 年 9 月北京第 1 版第 2 次印刷

购书咨询：010-64518888　　售后服务：010-64518899
网　　址：http://www.cip.com.cn
凡购买本书，如有缺损质量问题，本社销售中心负责调换。

定　　价：58.00 元　　　　　　　　　　　　　版权所有　违者必究

前　言

Preface

节约用水、治理污水和开发新水源具有同等重要的意义。大力发展水处理化学品对节约用水、治理污水起着重要作用。水处理剂是工业用水、生活用水、废水处理过程中所需使用的化学药剂。经过这些化学药剂的作用，可使水达到一定的质量要求。

水处理剂主要作用是控制水垢、污泥的形成，减少泡沫，减少与水接触的材料的腐蚀，除去水中悬浮固体和有毒物质，以及除臭、脱色、软化和稳定水质等。水处理剂的应用十分广泛，在化工、石油、轻工、建筑、冶金、机械、医药卫生、交通、城乡环保等领域都有应用，以达到节约用水和防止水污染的目的。

水处理剂一般包括冷却水和锅炉水的处理、海水淡化、膜分离、生物处理、絮凝和离子交换等技术所需的药剂，可分为缓蚀剂、阻垢剂、清垢剂、絮凝剂、杀菌灭藻剂、清洗剂、预膜剂等，絮凝剂是其中一类应用较多的产品。

絮凝剂的基础理论是"聚并"理论。絮凝剂主要是具有正（负）电性的基团和水中具有负（正）电性的难于分离的一些粒子或者颗粒相互靠近，降低其电势，使其处于不稳定状态，并利用其聚合性质使得这些颗粒集中，并通过物理或者化学方法分离出来。

絮凝剂的品种繁多，从低分子到高分子，从单一型到复合型，总的趋势是向廉价实用、无毒高效的方向发展。无机絮凝剂价格便宜，但对人类健康和生态环境会产生不利影响；有机高分子絮凝剂虽然用量少，浮渣产量少，絮凝能力强，絮体容易分离，除油及除悬浮物效果好，但这类高聚物的残余单体具有"三致"效应（致畸、致癌、致突变），因而使其应用范围受到限制；微生物絮凝剂因不存在二次污染，使用方便，应用前景诱人。微生物絮凝剂将可能在未来取代或部分取代传统的无机高分子和合成有机高分子絮凝剂。微生物絮凝剂的研制和应用方兴未艾，其特性和优势为水处理技术的发展展示了广阔的前景。

水处理技术作为一门跨学科、跨行业的综合性技术，在环境污染治理和缓解水资源矛盾中发挥着独特和重要的作用，并将在未来得到进一步的发展。与此同时，水处理技术本身的发展也将受到环境和资源，包括能源危机的制约和挑战。

为了满足读者对水处理技术方面的需求，我们收集了近年来有关水处理方面的资料，在化学工业出版社的组织下编写了本书，书中收集了190种絮凝剂的配方，详细介绍了絮凝剂产品的原料配比、制备方法、原料介绍、产品应用、产品特性等，旨在为水处理工业的发展尽点微薄之力。

本书的配方以质量份表示，在配方中注明以体积份表示的情况下，需注意质量份与体积份的对应关系，例如质量份以 g 为单位时，对应的体积份是 mL，质量份以 kg 为单位时，对应的体积份是 L，以此类推。

本书由李东光主编，参加编写的还有翟怀凤、李桂芝、吴宪民、吴慧芳、蒋永波、邢胜利、李嘉等。由于编者水平有限，疏漏和不妥之处在所难免，恳请读者在使用过程中发现问题时及时指正。主编 Email 地址：ldguang@ 163. com。

主编

2019 年 5 月

目 录

CONTENTS

一、 无机絮凝剂 ╱ 001

配方 1　除磷絮凝剂　╱ 001

配方 2　处理低浓度含磷废水絮凝剂　╱ 002

配方 3　处理工业废水的复合絮凝剂　╱ 003

配方 4　处理含油废水的复合絮凝剂　╱ 004

配方 5　多功能复合絮凝剂　╱ 005

配方 6　多核式聚硅盐絮凝剂　╱ 006

配方 7　多核无机高分子絮凝剂　╱ 007

配方 8　废水处理复合絮凝剂　╱ 008

配方 9　废水处理用复合絮凝剂　╱ 008

配方 10　废水处理絮凝剂　╱ 009

配方 11　复合混凝剂　╱ 010

配方 12　复合水处理脱色絮凝剂　╱ 011

配方 13　复合絮凝除油剂　╱ 011

配方 14　复合絮凝剂　╱ 012

配方 15　复合型絮凝剂　╱ 013

配方 16　三组分复合型絮凝剂　╱ 014

配方 17　多组分复合型絮凝剂　╱ 015

配方 18　复合聚磷硫酸铁絮凝剂　╱ 015

配方 19　复合无机高分子絮凝剂　╱ 016

配方 20　复合型无机高分子絮凝剂　╱ 018

配方 21　废水絮凝剂　╱ 019

配方 22　复合低成本絮凝剂　╱ 020

配方 23　双组分复合型絮凝剂　╱ 021

配方 24　四组分复合型絮凝剂　╱ 022

配方 25　聚硅酸铝铁复合絮凝剂　╱ 022

配方 26　富含活性催化剂的聚硅酸盐絮凝剂　╱ 024

配方 27　高效废水处理絮凝剂　╱ 025

配方 28　高分子复合絮凝剂　/ 026

配方 29　高浓度高色度废水复合脱色絮凝剂　/ 027

配方 30　高浓度聚合硫酸铝硅絮凝剂　/ 029

配方 31　高效复合型絮凝剂　/ 030

配方 32　功能型高聚合絮凝剂　/ 031

配方 33　固体复合聚合硫酸铁絮凝剂　/ 033

配方 34　硅钙复合型聚合氯化铝铁絮凝剂　/ 034

配方 35　海水淡化预处理絮凝剂　/ 035

配方 36　海水絮凝剂　/ 036

配方 37　含钛聚硅酸金属盐絮凝剂　/ 037

配方 38　含有多种聚丙烯酰胺的复合絮凝剂　/ 038

配方 39　聚合氯化铁絮凝剂　/ 039

配方 40　聚硅铝絮凝剂　/ 040

配方 41　聚硅酸金属盐絮凝剂　/ 041

配方 42　聚硅酸氯化铁絮凝剂　/ 042

配方 43　聚硅酸氯化铁絮凝药剂　/ 043

配方 44　聚硅酸盐絮凝剂　/ 044

配方 45　聚硅钛复合絮凝剂　/ 045

配方 46　聚合硅酸铝铁絮凝剂　/ 045

配方 47　聚合硫酸铝铁絮凝剂　/ 046

配方 48　聚合硫酸铁铝絮凝剂　/ 048

配方 49　聚合铝-聚环氧氯丙烷胺无机有机复合絮凝剂　/ 049

配方 50　聚合有机硫酸铝絮凝剂　/ 050

配方 51　聚纳米二氧化硅硼酸锌铁絮凝剂　/ 050

配方 52　聚铁硅型复合无机高分子絮凝剂　/ 051

配方 53　聚铁絮凝剂　/ 052

配方 54　绿色环保型絮凝剂　/ 054

配方 55　纳米无机絮凝剂　/ 055

配方 56　去除低温低浊度含磷废水絮凝剂　/ 056

配方 57　三元复合型絮凝剂　/ 057

配方 58　生态型高效复合絮凝剂　/ 058

配方 59　疏松型聚合氯化铝铁絮凝剂　/ 059

配方 60　双酸铝铁絮凝剂　/ 060

配方 61　屠宰废水絮凝剂　/ 061

配方 62　稳定聚硅酸锌絮凝剂　/ 062

配方 63　污水净化絮凝剂　/ 063

配方 64　污水磷回收复合絮凝剂　/ 063

配方 65　污水絮凝剂　/ 064

配方 66　污水用絮凝剂　/ 065

配方 67　污水处理絮凝剂　/ 066

配方 68　污水处理用复合絮凝剂　/ 066

配方 69　无机高分子絮凝剂　/ 067

配方 70　无机高分子膏状絮凝剂　/ 068

配方 71　无机复合型聚硅酸氯化铝铁絮凝剂　/ 069

配方 72　无机-改性壳聚糖复合型高分子絮凝剂　/ 070

配方 73　无机高分子型絮凝剂　/ 071

配方 74　无机絮凝剂　/ 072

配方 75　无机-有机复合型絮凝剂　/ 073

配方 76　吸附助凝式聚硅酸盐絮凝剂　/ 074

配方 77　复合絮凝剂聚硅酸硫酸亚铁铝　/ 075

配方 78　无机-有机复合高分子脱色絮凝剂　/ 076

配方 79　絮凝剂组合物　/ 077

配方 80　利用废酸制备絮凝剂　/ 079

配方 81　用赤泥和硫酸亚铁制备聚硅酸铝铁复合絮凝剂　/ 080

配方 82　用粉煤灰和硫酸亚铁生产聚硅酸铝铁复合絮凝剂　/ 081

配方 83　用于处理低温低浊水的絮凝剂　/ 082

配方 84　用于处理皮革废水的絮凝剂　/ 082

配方 85　用于净化含乳化油废水的絮凝剂　/ 083

配方 86　用于蓝藻沼液预处理的复合絮凝剂　/ 084

配方 87　造纸废水特效絮凝剂　/ 085

配方 88　造纸废水絮凝剂　/ 086

配方 89　制革废水絮凝剂　/ 086

配方 90　制浆废水絮凝剂　/ 087

二、　有机絮凝剂　/ 089

配方 1　凹凸棒土改性制备纤维素阳离子絮凝剂　/ 089

配方 2　除油絮凝剂　/ 090

配方 3　除油絮凝药剂　/ 092

配方 4　淀粉基季铵盐型环保絮凝剂　/ 093

配方 5　淀粉接枝丙烯酰胺絮凝剂　/ 094

配方 6　淀粉接枝共聚阳离子絮凝剂　/ 095

配方 7　淀粉接枝双氰胺甲醛缩聚物絮凝剂　/ 096

配方 8　多功能高效絮凝剂　/ 098

配方 9　方便速溶型聚丙烯酰胺絮凝剂　/ 099

配方 10　粉煤灰复合絮凝剂　/ 100

配方 11　废水处理用絮凝剂　/ 101

配方 12　复合型高效絮凝剂　/ 102

配方 13　复合型有机无机高分子絮凝剂　/ 103

配方 14　复合含油污水絮凝剂　/ 105

配方 15　改性淀粉类高分子絮凝剂　/ 106

配方 16　改性榆树皮絮凝剂　/ 107

配方 17　改性樟树皮絮凝剂　/ 108

配方 18　高效脱色絮凝剂　/ 109

配方 19　高分子量速溶阳离子絮凝剂　/ 110

配方 20　高分子重金属螯合絮凝剂　/ 111

配方 21　高取代度季铵型阳离子淀粉絮凝剂　/ 113

配方 22　高水油比例聚丙烯酰胺絮凝剂　/ 114

配方 23　高效广谱絮凝剂　/ 115

配方 24　高效脱色絮凝剂　/ 117

配方 25　高效印染废水絮凝剂　/ 117

配方 26　含氟阳离子絮凝剂　/ 118

配方 27　含聚氧乙烯支链交联阳离子聚丙烯酰胺微粒絮凝剂　/ 119

配方 28　含疏水基团的阳离子型有机絮凝剂　/ 120

配方 29　含油废水专用絮凝剂　/ 122

配方 30　环型脒基高分子絮凝剂　/ 123

配方 31　季铵盐阳离子型有机高分子絮凝剂　/ 125

配方 32　降 COD 脱色絮凝剂　/ 126

配方 33　降低涂料废水中 COD 高分子有机絮凝剂　/ 126

配方 34　聚多胺环氧絮凝剂　/ 127

配方 35　聚环氧氯丙烷-二甲胺有机高分子絮凝剂　/ 128

配方 36　壳聚糖包覆铝矾土印染废水絮凝剂　/ 129

配方 37　壳聚糖类高效絮凝剂　/ 130

配方 38　壳聚糖水处理絮凝剂　/ 131

配方 39　快速沉降型絮凝剂　/ 132

配方 40　可去除污水中磷的两性高分子絮凝剂　/ 133

配方 41　可吸附重金属离子的污水絮凝剂　/ 136

配方 42　高效脱色絮凝剂　/ 137

配方 43　利用秸秆制备生态型复合絮凝剂　/ 138

配方 44　两性接枝改性淀粉絮凝剂　/ 139

配方 45　两性型或阳离子型高分子絮凝剂　/ 140

配方 46　蒙脱土插层型阳离子絮凝剂乳液　/ 143

配方 47　魔芋接枝丙烯酰胺非离子高分子絮凝剂　/ 145

配方 48　纳米超高效絮凝剂　/ 146

配方 49　三元共聚高分子絮凝剂　/ 146

配方 50　生物重金属吸附絮凝剂　/ 148

配方 51　适用于疏浚淤泥絮凝脱水的阳离子稻壳絮凝剂　/ 149

配方 52　疏水改性阳离子絮凝剂　/ 150

配方 53　疏水阳离子高分子絮凝剂　/ 151

配方 54　疏水阴离子絮凝剂　/ 152

配方 55　双阳离子聚丙烯酰胺絮凝剂　/ 153

配方 56　水溶性絮凝剂　/ 154

配方 57　水溶性有机共聚两性高分子絮凝剂　/ 155

配方 58　水溶性有机两性高分子絮凝剂　/ 156

配方 59　水溶性有机两性共聚物絮凝剂　/ 157

配方 60　天然有机高分子复合絮凝剂　/ 159

配方 61　污泥调质脱水的有机复合絮凝剂　/ 160

配方 62　污泥脱水改性絮凝剂　/ 160

配方 63　污水处理用絮凝剂　/ 161

配方 64　污水处理用聚合絮凝剂　/ 162

配方 65　锌盐-聚胺盐复合絮凝剂　/ 163

配方 66　壳聚糖基污泥脱水絮凝剂　/ 164

配方 67　天然有机高分子絮凝剂　/ 166

配方 68　新型阳离子絮凝剂　/ 167

配方 69　共聚絮凝剂　/ 167

配方 70　阳离子/两性接枝型聚丙烯酰胺絮凝剂　/ 169

配方 71　阳离子聚丙烯酰胺污水絮凝剂　/ 170

配方 72　阳离子型高分子絮凝剂　/ 170

配方 73　阳离子絮凝剂　/ 172

配方 74　阳离子型絮凝剂　/ 173

配方 75　阳离子有机高分子絮凝剂　/ 174

配方 76　阳离子高分子絮凝剂　/ 175

配方 77　阳离子型高分子絮凝剂　/ 176

配方 78　冶金废水絮凝剂　/ 177

配方 79　以香草醛改性壳聚糖作絮凝剂　/ 178

配方 80　阴离子絮凝剂　/ 180

配方 81　印染废水脱色絮凝剂　/ 181

配方 82　用废胶原制备处理造纸黑液絮凝剂　/ 181

配方 83　用于处理维生素 E 生产废水的生物活性絮凝剂　/ 183

配方 84　用于处理印染废水的蛋白质絮凝剂　/ 184

配方 85　用于处理印染废水的有机-无机复合絮凝剂　/ 187

配方 86　用于中成药生产企业污水治理的絮凝剂　/ 188

配方 87　油田水基压裂废水脱色絮凝剂　/ 189

配方 88　有机高分子复合絮凝剂　/ 190

配方 89　有机共聚两性高分子絮凝剂　/ 191

配方 90　有机两性高分子絮凝剂　/ 192

配方 91　有机无机复合高效脱色絮凝剂　/ 193

配方 92　有机-无机离子型杂化高效絮凝剂　/ 195

配方 93　有机-无机物共聚絮凝剂　/ 196

配方 94　有机-无机原位复合絮凝剂　/ 197

配方 95　有机絮凝剂　/ 198

配方 96　有机高分子絮凝剂　/ 198

配方 97　有机高分子絮凝药剂　/ 199

配方 98　有机无机复合型絮凝剂　/ 200

配方 99　有机无机物共聚脱色絮凝剂　/ 202

配方 100　制糖专用絮凝剂　/ 203

参考文献　/ 205

一、无机絮凝剂

配方 1

除磷絮凝剂

原料配比

原料	配比（质量份）
硫酸亚铁	61.2
水	34.5
氯酸钠	3.6
活化硅酸	0.5

制备方法

（1）常温常压下，在搅拌条件下，向水中投加硫酸亚铁［水和硫酸亚铁的质量配比是（0.5～0.7）∶1］，搅拌混合均匀后配制成硫酸亚铁混合液。

（2）在硫酸亚铁混合液中，于搅拌条件下缓慢加入工业硫酸，使所有硫酸亚铁完全溶解，调整其 pH 值为 0.8～1.5。

（3）对调整好 pH 值的硫酸亚铁混合液，在常温常压下，于搅拌条件下逐渐加入 3.2%～4.1% 的氯酸钠进行氧化反应，反应时间为 3～90min，使溶液中的二价铁氧化为三价铁。

（4）待步骤（3）的氧化反应充分后，在常温常压下，加入 0.1%～1% 的含硅添加剂，搅拌均匀使其进行充分反应后，即制得含铁量（以 Fe 计）为 8%～13% 的除磷絮凝剂。

原料介绍

含硅添加剂为活化硅酸等。

> **产品应用** 本品可广泛用于污水处理,特别适用于含高磷的污水处理。

> **产品特性** 本品生产工艺简单,对设备无特殊要求,可在常温常压下进行,生产过程中无有害气体产生,操作安全;用生产钛白粉的废弃物硫酸亚铁为原料,既可降低成本,又可回收资源、变废为宝;在污水处理中,加入本品能有效地除去污水中的可溶性磷,同时还能通过絮凝沉淀进一步除去污水中其他形式的磷,降低 SS(悬浮物含量)、COD(化学需氧量)、BOD(生化需氧量)等,应用广泛,符合环保要求。

配方 2
处理低浓度含磷废水絮凝剂

> **原料配比**

原料	配比(质量份)				
	1#	2#	3#	4#	5#
腐植酸	50(体积份)	—	—	—	—
富马酸	—	45(体积份)	35(体积份)	—	—
苹果酸	—	—	—	35(体积份)	—
草酰乙酸	—	—	—	—	45(体积份)
水	50(体积份)	55(体积份)	60(体积份)	60(体积份)	60(体积份)
季铵化十六烷基丙烯酰氧乙基三甲基氨基乙酯	30	25	25	20	30
聚合硫酸铁	100	100	100	100	100
聚环氧琥珀酸	0.001	—	—	—	0.001
阳离子聚丙烯酰胺	—	0.001	—	—	—
聚丙烯酸	—	—	0.001	0.001	—

> **制备方法**

(1) 取有机羧酸于 250mL 三颈圆底烧瓶中,加入水,然后在锥形瓶上搭冷凝管、电动搅拌器和温度计,将三颈圆底烧瓶放在水浴锅中,控制温度在 75~95℃,加入季铵化十六烷基丙烯酰氧乙基三甲基氨基乙酯,然后在氮气保护条件下加入质量分数为 1.5%~3% 的引发剂,开动电动搅拌器,反应 4~6h,冷却后得到聚合有机高分子絮凝剂。

(2) 取聚合硫酸铁于 500mL 烧杯中,放在电磁搅拌器上搅拌,加热 10~15min 后加入沉降剂,待絮凝剂中颗粒污泥沉淀后分离,得到澄清透明聚合硫酸铁液体。

(3) 在上述液体中加入步骤(1)合成的聚合有机高分子絮凝剂,在 60~

80℃下搅拌 30～45min，即得本品除磷絮凝剂。

原料介绍 所述的有机羧酸为腐植酸、苹果酸、富里酸、草酰乙酸中的一种或两种。所述的引发剂为过氧化二苯甲酰、过氧化十二酰、偶氮二异丁腈中的一种或两种。所述的沉降剂为聚环氧琥珀酸、阳离子聚丙烯酰胺、聚丙烯酸中的一种或两种。

产品应用 本品主要应用于污水处理。

本品的应用方法：将上述制备而成的絮凝剂加入到磷浓度在 10mg/L 以下的废水中，投加量为 0.1～0.5mL/L，pH 值为 6.5～8.5，搅拌 30～60min，静置沉淀，泥水分离，处理后的废水磷含量即可低于 0.05mg/L。

产品特性 本品絮凝剂药剂成本低、投加量少、矾花大、形成时间短、沉淀物结实、除磷效果好，实现了磷的"零排放"，是低浓度含磷废水处理的一种解决方法，具有显著的经济效益和社会效益。

配方 3
处理工业废水的复合絮凝剂

原料配比

原料	配比（质量份）		
	1#	2#	3#
结晶氯化亚铁	199	597	995
氯化铝	133.5	400.5	667.5
硫酸镁	24	36	60
氯化锌	204.6	136.4	68.2
95%的硫酸	51.6	154.7	257.9
高锰酸钾	39.5	79	118.5

制备方法 将结晶氯化亚铁、氯化铝、硫酸镁、氯化锌混合均匀，加入反应釜中搅拌，再依次缓慢加入 95%的硫酸，和高锰酸钾配成的 5%的高锰酸钾水溶液混合在一起，反应和熟化 1.5～2h 后得到复合絮凝剂。

产品应用 本品主要用于处理高浓度工业废水。

产品特性

（1）本品复合絮凝剂能快速高效地去除高浓度废水中的悬浮物、COD、BOD、色度、重金属、氨氮等大部分污染物，絮凝效果好。

（2）采用多种复合组分，并能针对高浓度废水的成分复杂性等特点选择有效参数，因而能适应多种工业废水不同水质的变化情况，具有良好的广谱性和专一性。

（3）由铁、铝、镁、锌等羟基化聚合而成，集成了铁盐矾花大、铝盐矾花密实、镁盐脱色效果好、锌盐絮体沉降性好等优点。

（4）本品制备工艺简单，生产成本低。

配方 4
处理含油废水的复合絮凝剂

原料配比

原料	配比（质量份）			
	1#	2#	3#	4#
硫酸铝	15	—	15	—
氯化铝	—	15	—	15
氯化钙	10	—	10	—
硝酸钙	—	10	—	10
硫酸铁	10	10	—	—
硫酸亚铁	—	—	10	10
聚合氯化铝	20	20	20	20
羧甲基纤维素钠	10	10	10	10
硅酸钠	10	10	10	10
二氰二胺	10	10	10	10
聚合硅酸铁	15	15	—	—
聚合氯化铁	—	—	15	15

制备方法 将各组分混合均匀即可。各组分的粉末混配后，保持期为一年，过长时间不用会发生板结变质。

产品应用 本品主要应用于处理含油废水。

产品特性 本品采用各具特色、性能互补的多种絮凝剂复配而成，同时起到了破乳、絮凝、架桥的功能，具有絮体大、浮渣含油量高、与水分离速度快、破乳能力强、絮凝效果好、提高除油率、减少浮渣生成量、降低处理成本、减少二次污染等特点。本品是一种用量小、适应性广、沉降速度快的复合絮凝剂。在不改变目前污水处理设备的条件下，可替代目前使用的絮凝剂。

配方 5
多功能复合絮凝剂

原料配比

原料	配比(质量份)	
	1#	2#
无机锌盐	20	30
无机酸化剂	4	3.5
有机高分子絮凝剂	0.01	0.5
稳定剂	0.01	0.05
水	75.98	65.95

制备方法

（1）先将一部分水加温至 $50\sim80℃$，接着缓慢加入有机高分子絮凝剂，边加边搅拌，待其全部溶解后，再加入稳定剂，并使其全溶。

（2）将无机酸化剂加入其余的水中，搅拌均匀后加入无机锌盐，搅匀。

（3）将溶液（1）与溶液（2）混合，搅拌均匀即得成品。

原料介绍

无机锌盐可以是氯化锌、硫酸锌，优选为氯化锌，可以起到絮凝净化作用。

无机酸化剂可以是盐酸、硫酸（若锌盐用氯化锌选用盐酸，若锌盐用硫酸锌则选用硫酸，不能混淆），盐酸为不小于 30％ 的水溶液，硫酸为不小于 95％ 的浓硫酸，其作用是防止无机锌盐水解。

有机高分子絮凝剂是指聚丙烯酰胺，优选为非离子型聚丙烯酰胺，其分子量不小于 100 万。

稳定剂可以是异丙醇、硫脲、三乙醇胺，优选为硫脲，其作用是防止有机高分子絮凝剂水溶液的陈化和降解。

产品应用

本品可用于处理：饮用水，屠宰场废水，食品工业废水，制糖工业废水，水电厂废水，含重金属废水，以及纺织、造纸、染色、颜料、油脂等工业废水；各种污泥脱水；制糖工业混合汁澄清等。

使用本品时，用氢氧化钙对所处理的水调节 pH 值至 8 左右。

产品特性

本品成本低，工艺流程简单，整个制作过程在常压下进行，不需要熟化聚合时间，生产周期短；性能优异、处理效果好、适用范围广；无毒、无污染、无腐蚀氧化现象；性能稳定，便于远距离运输及长期储货；使用方便，无须加温等特殊配套使用设备，有效成分可任意调节到较高浓度。

配方 6
多核式聚硅盐絮凝剂

原料配比

原料	配比(质量份)													
	1#	2#	3#	4#	5#	6#	7#	8#	9#	10#	11#	12#	13#	14#
硅酸钠	4	6	9	6	6	6	6	6	6	6	6	6	6	6
水	58	60	62	60	60	60	60	60	60	60	60	60	60	60
98%的浓硫酸或37%的浓盐酸	18	20	22	20	20	20	20	20	20	20	20	20	20	20
硫酸铝	14	15	18	—	—	—	—	—	—	8	—	5	—	—
硫酸铁	—	—	—	15	—	—	—	—	—	—	7	—	—	—
硫酸亚铁	—	—	—	—	15	—	—	—	—	—	—	4	—	—
氯化铝	—	—	—	—	—	15	—	—	—	8	—	—	5	4
氯化铁	—	—	—	—	—	—	15	—	—	—	7	—	6	4
聚合氯化铝	—	—	—	—	—	—	—	15	—	—	—	—	4	4
聚合硫酸铁盐	—	—	—	—	—	—	—	—	15	—	—	—	—	3
火山灰	0.2	0.6	0.8	0.6	0.6	0.6	0.6	0.6	0.6	0.6	0.6	0.6	0.6	0.6

制备方法

将硅酸钠加到水中，制成硅酸钠溶液，然后在搅拌的条件下，将所述的硅酸钠溶液加入到98%的浓硫酸或37%的浓盐酸中，反应完全后生成pH值为3.5～6.5的聚合硅酸溶液，然后将无机盐和火山灰一并加入到聚合硅酸溶液中，静置熟化，即可制得多核式聚硅盐高效絮凝剂。

原料介绍

所述火山灰的粒径范围为0.01～0.5mm。火山灰即细微的火山碎屑物，由岩石、矿物、火山玻璃碎片组成，火山爆发时，岩石或岩浆被粉碎成细小颗粒，从而形成火山灰，常呈深灰、黄、白等色，质地坚硬，不溶于水。

所述无机盐为硫酸铝、硫酸铁、硫酸亚铁、氯化铝、氯化铁、聚合氯化铝、聚合硫酸铁盐其中之一，或两种及两种以上任意比例的混合物。

制备硅酸的过程中，要控制硅酸的pH值为3.5～6.5，以利于后续反应的顺利进行。

本品制备的多核式聚硅盐高效絮凝剂呈果冻状，颜色因不同的无机盐而呈现不同的颜色，一般呈现出乳白色、黄褐色、橘红色等颜色，火山灰均匀分布在果冻状液体中。

产品应用

本品主要应用于水处理。

产品特性　在搅拌作用下，含有火山灰的絮凝剂均匀分布在水中，起到助凝作用，使矾花快速形成，增加了矾花的密实度，矾花大小均一，有利于矾花的沉降，提高了絮体的沉降速度，避免了常规絮凝剂小矾花不沉降或沉降时间长的缺点。

配方 7
多核无机高分子絮凝剂

原料配比

表1：聚合物 A

原料	配比（质量份）
二甲基二烯氯化铵	400
丙烯酰胺	400
丙烯酸	80

表2：聚合物 B

原料	配比（质量份）
二甲基二烯氯化铵	280
丙烯酰胺	720
二乙基二烯丙氯化铵	200

表3：多核无机高分子絮凝剂

原料	配比（质量份）
聚合物 A	500
聚合物 B	500
聚二甲基二烯丙氯化铵	100

制备方法

（1）聚合物 A 的生产：在反应釜中加入二甲基二烯氯化铵、丙烯酰胺、丙烯酸，以过硫酸铵作引发剂，在80℃的温度下，反应3h。

（2）聚合物 B 的生产：在反应釜中加入二甲基二烯氯化铵、丙烯酰胺、二乙基二烯丙氯化铵，以过硫酸铵作引发剂，在50℃的温度下，反应4～5h。

（3）将聚合物 A、聚合物 B 加入聚二甲基二烯丙氯化铵中，在30℃的温度下进行聚合，得到分子量为210万的多核无机高分子絮凝剂（PMC）。

产品应用　本品主要应用于污水处理。

产品特性 本品含有多种金属和非金属吸附核，解决了阳离子型絮凝剂与阴离子型絮凝剂不能稳定共存的问题，兼具无机高分子絮凝剂与有机高分子絮凝剂的特点，矾花形成快、絮体大而密实，在不增加污水处理综合费用的前提下，大幅度提高无机高分子类絮凝剂的絮凝效果。PMC 絮凝剂对污水 pH 值适应范围广，在 pH 4～11 范围内均有效，且污水 pH 值越高，处理效果越好（使用 PMC 絮凝剂，一般无须预调整污水的 pH 值）。

配方 8
废水处理复合絮凝剂

原料配比

原料	配比（质量份）		
	1#	2#	3#
双氰胺	22	28	34
含结晶水的三氯化铝	60	48	38
甲醛水溶液	18	24	28

制备方法

（1）将双氰胺、含结晶水的三氯化铝、甲醛水溶液混合均匀，并缓慢加热，使混合体系的温度升温并恒温至 40～60℃，使其开始进行聚合反应。

（2）在恒温（40～60℃）下，反应 2h 后，慢慢降温，存放 24h 后即得成品，pH 值为 1.5～2.0。

产品应用 本品专用于处理表面活性剂废水。

产品特性 本品工艺流程简单，设备投资少，生产操作比较容易；在表面活性剂废水中的分散能力强，对脱除废水中的阴离子表面活性剂具有极好的效果，能使铝盐脱除阴离子表面活性剂的效率从 40%～50% 提高到 80% 以上，同时可降低药剂的使用成本；使用方便，保存期限在 6 个月以上。

配方 9
废水处理用复合絮凝剂

原料配比

原料	配比（质量份）		
	1#	2#	3#
工业盐酸	20	18	18

续表

原料	配比(质量份)		
	1#	2#	3#
浓硫酸	6	适量	适量
铝矾土粉末	15	20	20
水	65	适量	适量
MgO	—	—	2

制备方法　将工业盐酸与浓硫酸混合后，缓慢加入铝矾土粉末，搅拌，并不断加入水，以防止暴沸冲釜，并用于控制该放热反应的温度，保持不超过130℃为宜。搅拌反应0.5～1.5h后，加入MgO，继续搅拌3～5h使其自然降温，即制得成品。

产品应用　本品可用于工业废水（如造纸、酿造、印染、化纤、染料等工业废水）、生活污水、城市污水及自来水上水等高浊度水的净化处理。

产品特性　本品原料易得、成本低、工艺流程简单；絮凝及脱色性能好、净化率高、水处理效果显著；有利于环境保护。

配方 10
废水处理絮凝剂

原料配比

原料	配比(质量份)	
	1#	2#
硫酸铝水溶液	31.57	24.66
聚硅酸水溶液	12.55	21.94
氢氧化钠水溶液	5.88	3.4
水	适量	适量

制备方法

(1) 将硅酸钠用酸调节pH值至9.0～10.5，预聚时间1～16h，得分子量范围为3000～120000的聚硅酸备用。

(2) 将硫酸铝水溶液放入反应釜，在搅拌状态下，使用快速分散装置，在15～20min之内缓缓加入步骤(1)制得的聚硅酸，并使用计量泵控制加料速度。同时，采用水冷却保持反应釜温度在18～22℃范围内。

(3) 在上述同样条件下，经计量泵控制加料速度，由快速分散装置在20～

30min 内缓缓加入氢氧化钠水溶液。

（4）加氢氧化钠 20～40min 后，关闭快速分散装置，关闭冷却水，开启蒸汽阀，使反应釜内的物料在 0.8～1h 之内升温至 60～70℃，恒温反应 3～5h，或者在常温下，搅拌反应 20～24h，然后自然冷却，即得成品。

产品应用 本品可用于给水和废水处理。

产品特性 本品原料丰富易得，价格低廉，运行费用相对较低，工艺流程简单，设备结构合理，操作方便，无须分开生产、储存，保存期长，使用方便。

本品分子量较大，对水中的杂质有很高的吸附聚集作用，在水中能快速形成大的絮凝体，适用范围宽，处理效果好；通过改变硅酸的聚合度和硅铝比例可得到不同分子量的产品，满足不同的水处理的要求。

配方 11
复合混凝剂

原料配比

原料	配比（质量份）			
	1#	2#	3#	4#
粉煤灰	0.7	0.5	0.1	0.3
焦屑	0.1	0.3	0.7	0.3
黏土	0.1	0.05	0.1	0.05
粉状硫酸铝	0.1	—	—	—
粉状无机铝盐	—	0.15	0.1	0.35

制备方法 将固体物料粉煤灰、焦屑、黏土和粉状无机铝盐（或铁盐）分别粉碎，粒度小于 60 目，在常温下用机械方法混合均匀即可使用。

原料介绍 无机铝盐（或铁盐）还可以是溶液。

产品应用 本品不仅对含油污水具有很理想的处理效果，而且对印染工业废水、无机化工、城市生活污水都有很好的处理效果。

产品特性

（1）原料来源广泛，价格低廉，可以就地取材、加工，制作工艺简单，不需大型设备，成本低，处理废水（污水）的成本也很低。

（2）对废水（污水）处理效果好，适用范围广，形成的絮凝体沉降速度快，是铝盐和铁盐的 5 倍以上；产生的污泥含量少，在其用量是铝盐和铁盐的 3 倍时，形成的污泥体积仅为铝盐和铁盐的 1/2～1/3。

（3）无废弃物排放，不产生二次污染，形成的污泥可用作制砖的配料，也可以直接作为燃料。

（4）使用的原材料主要是工业废弃物，达到以废治废、变废为利的目的。

配方 12

复合水处理脱色絮凝剂

原料配比

原料	配比（质量份）		
	1#	2#	3#
聚合氯化铝	35	50	90
聚合硫酸铁	50	35	5
硫酸镁	5	5	3
聚二甲基二烯丙基氯化铵	10	10	2

制备方法　将以上各原料混合均匀即可。

产品应用　本品广泛适用于水处理工程，最适合处理高 COD、高色度的染料废水。

产品特性　本品加工工艺简单，絮凝速度快，用量少，脱色率极高，处理后出水可达标排放。

本品充分利用聚二甲基二烯丙基氯化铵（高阳离子度的有机絮凝剂）对发色有机物的高去除率的特性，加入无机混凝剂降低成本，提高沉降速度，充分发挥各药剂复配的优势。其中加入聚合氯化铝形成絮团，加入聚合硫酸铁增加其脱色率和沉降性，加入镁盐增加絮团对发色有机物的吸附。

配方 13

复合絮凝除油剂

原料配比

原料	配比（质量份）	
	1#	2#
硫酸铝	50	89.5
氯化镁	20	2
氢氧化镁	20	3
膨润土	5	5
聚丙烯酰胺	5	0.5

注：聚丙烯酰胺为阳离子聚合物，分子量 1200 万。

> **制备方法** 将以上各原料放入反应釜中，加入水搅拌即可。

> **产品应用** 本品特别适用于处理各种含油污水，如炼油厂、油田污水的预处理。

> **产品特性** 本品原料易得、成本低、工艺简单、用量少、除油效率高。

配方 14
复合絮凝剂

> **原料配比**

原料	配比（质量份）	
	1#	2#
硫酸酯盐	30～45	35～40
磷酸酯盐	10～15	15～20
氯化钙	20～25	—
氢氧化钙	—	15～20
硅酸钠	15～20	15～20
聚丙烯酰胺	0～1	—
次氯酸钙	1～5	—
羧甲基纤维素钠盐	10～15	10～15

> **制备方法** 将上述各组分混合，在干态下进行粉碎加工，密封包装即可。

> **原料介绍** 硫酸酯盐可用磺酸盐代替。氢氧化钙或氯化钙可用石灰代替。

> **产品应用** 本品特别适用于工业和生活污水处理。

　　使用时，絮凝剂加入静止的废液中时要充分搅拌，或在流动中加入，防止局部絮凝，有利于充分利用絮凝剂。该絮凝剂用量为：1t 生活污水用 300g 复合絮凝剂；1t 工业污水用 500g 复合絮凝剂。

> **产品特性**

　　（1）生产工艺简单，设备投资少，原料来源广，成本较低。

　　（2）本品絮凝速度快、用量少、去污力强，采用本品对工业污水治理时可以循环利用，对于生活污水可达标排放，且污水处理设备投资少、占地面积小。

配方 15
复合型絮凝剂

原料配比

原料	配比（质量份）	
	1#	2#
硫酸铝（100目）	50	—
硫酸铝（110目）	—	55
熟石灰（200目）	35	—
熟石灰（210目）	—	30
阳离子型聚丙烯酰胺	5	6
阴离子型聚丙烯酰胺	5	6
氧化钒	5	3
活性炭	—	3

制备方法

（1）将硫酸铝与熟石灰均匀混合，经反应发热待回温至室温。

（2）将阳离子型聚丙烯酰胺与阴离子型聚丙烯酰胺混合均匀，然后再加入氧化钒（催化剂）混合均匀。

（3）将步骤（1）物料与步骤（2）物料混合均匀，即为本絮凝剂。

（4）当污水为高色度时，在步骤（2）中可再加入活性炭，混合均匀作为进一步脱色之用。

原料介绍　活性炭在污水处于高色度状态下添加。

硫酸铝为90～120目；熟石灰为100～200目；阳离子型聚丙烯酰胺或阴离子型聚丙烯酰胺为晶状颗粒；氧化钒为催化剂，其形状为粉末；活性炭为粉末。

产品应用　本品可广泛应用于各种污水的处理。

处理过程如下：向污水沉淀池投入本品药剂，再经沉淀池后上层去排放调节池至排放，下层去浓缩污泥储留池至脱水机排放和再利用。

产品特性

（1）原料配比科学，各组分具有协同增效作用，使产品不仅有电性中和、吸附桥连作用，而且具有分子间缠绕包裹作用，迅速使絮体颗粒粗大，对不同性质、不同腐败程度的污泥均能在短时间内发挥较好的脱水助滤作用。

（2）本品能够使污水处理工程节约土地占用面积和基建成本，并且在企业污水废水处理运营过程中，运营成本仍低于传统工艺上的运营成本。符合循环经济和节约型经济的要求，起到节能、节水、节地、节材的效果。

（3）本品在各种条件下能够将各种类型的污浊物质进行一次性沉降分离，经本品处理的污水化学 COD_{Cr} 可去除 60％以上，生化 BOD_5 可去除 60％以上，悬浮物可去除 90％以上，色度可去除 90％以上。

配方 16
三组分复合型絮凝剂

原料配比

原料	配比（质量份）	
	1#	2#
活性麦饭石	80	90
聚合氯化铝	10	5
淀粉	10	5

制备方法

（1）将精选的麦饭石用饮用水洗净，干燥后粉碎成 1～3mm 粒度，经筛选后，再用电炉烘烤活化，烘烤温度为 300～500℃，烘烤时间为 90min，出炉后自然冷却，冷却后，制成活性麦饭石，待用。

（2）将聚合氯化铝与淀粉混合，取 20～30℃ 的饮用水将二者搅拌糊化，再与上述活性麦饭石混合搅拌，使活性麦饭石表面均匀黏附混合物。

（3）将步骤（2）混合物在常温、常压下干燥，制得复合絮凝剂，进行检测、包装即可。

原料介绍 活性麦饭石的粒度为 1～3mm；聚合氯化铝为固体粉末，粒度为 100 目，也可以是液态；淀粉为粉末状。

产品应用 本品适用于生活用水、工业用水和污水的处理。

产品特性

（1）本品在投加后 1～2min 开始絮凝，20min 完成整个絮凝沉淀过程。

（2）污泥产生量少，与单一使用聚合氯化铝相比，所产生的污泥量少 30％，减少二次污染。

（3）原料易得，麦饭石和淀粉资源丰富、价格低廉，本品可节省聚合氯化铝85％以上，应用范围广。

配方 17

多组分复合型絮凝剂

原料配比

原料	配比(质量份)			
	1#	2#	3#	4#
硫酸亚铁晶体	55	30	50	40
硫酸铝	—	15	10	35
水	20	35	20	35
硫酸	5	25	25	25
双氧水	20	6	16	18

制备方法　在容器中放入硫酸亚铁晶体和硫酸铝，混合均匀，边搅拌边加入硫酸，常温下慢慢加入双氧水，慢速搅拌，静置即得成品。

原料介绍　所述硫酸亚铁晶体可以是工业硫酸铁；硫酸是指浓度为90%～98%的浓硫酸。

产品应用　本品应用于各种废水处理和污泥处置。

产品特性　本品生产条件为常温常压，工艺流程简单，设备投资少，成本低，生产周期短，见效快；性能稳定，矾花大，去色效果好，COD 去除率高；采用无毒的氧化剂，不产生副产品，对环境无污染。

配方 18

复合聚磷硫酸铁絮凝剂

原料配比

原料	配比(质量份)			
	1#	2#	3#	4#
七水硫酸亚铁	63	69	73.8	79
水	31.2	21	13.3	5
氯酸钠	2.5	3.5	3.7	3.9
磷酸	2.8	5.8	8.3	10.9
氢氧化钠	0.5	0.7	0.9	1.2

制备方法

（1）配制硫酸亚铁混合液：按比例将七水硫酸亚铁投入到水中，一边搅拌一边加入，并搅拌均匀。

（2）调整硫酸亚铁混合液的 pH 值：在配制的七水硫酸亚铁混合液中，在搅拌下缓慢加入磷酸，使所有的七水硫酸亚铁完全溶解，调整其 pH 值为 0.6～1。

（3）进行氧化反应：对调整好 pH 值的硫酸亚铁混合液，常温常压下，在搅拌下逐渐加入氯酸钠进行氧化反应，反应时间为 20～50min。

（4）调节碱化度，生产聚磷硫酸铁絮凝剂。

待第步骤（3）反应完成后，在常温常压下加入氢氧化钠，搅拌均匀、充分反应后调节出碱化度为 8%～16% 的聚磷硫酸铁絮凝剂，待充分反应后就生产出含铁量（以 Fe 计）为 8%～12.5% 的聚磷硫酸铁絮凝剂。

产品应用

本品主要应用于给水处理和污水处理，特别适用于含高磷和藻的给水处理。

产品特性

（1）本品聚磷硫酸铁絮凝剂的含铁量（以 Fe 计）为 8%～12.5%。在给水处理中加入本品絮凝剂，能够与水体中的可溶性磷和其他形式的磷形成絮体除去，也能够与藻类废水中的藻通过絮凝沉降的方式有效去除，降低水的浊度、化学需氧量（COD）、总磷（TP）、叶绿素等。因此，本品可广泛应用于给水处理和污水处理中，特别适用于含高磷和藻的给水处理，具有多功能性。

（2）本品絮凝剂具有原料易得、成本低廉和组分简单的优点，用生产钛白粉的废弃物七水硫酸亚铁来生产聚磷硫酸铁，既可降低成本，又可回收资源、变废为宝、改善环境，为工业废弃物的资源化、无害化处理开辟有益途径。

（3）本品生产工艺、生产设备简单，在常温常压下进行，属节能减排工艺，生产过程中采用磷酸调节酸度，使整个反应温和、无废气、无废液、无废渣排放，属清洁生产工艺。

配方 19
复合无机高分子絮凝剂

原料配比

原料	配比（质量份）			
	1#	2#	3#	4#
水溶性淀粉	10	15	20	30
丙烯酸单体	10	15	20	30
腐植酸钠	30	45	40	50

续表

原料	配比（质量份）			
	1#	2#	3#	4#
尿素	10	20	20	30
聚乙烯醇	5	10	10	15
过硫酸铵	2	5	5	8
亚硫酸氢钠	2	4	5	8
水	2	5	5	5
碳酸钠	2	6	5	8
聚合氯化铝	100	300	200	300
粉煤灰	300	300	400	500
碳酸钙	200	250	300	400

制备方法

（1）将上述配方量的水溶性淀粉、丙烯酸单体、腐植酸钠、尿素、聚乙烯醇混合，倒入带搅拌装置的电加热炉内，边搅拌边加热，温度达到 130～160℃后停止加热。

（2）将上述配方量的过硫酸铵和亚硫酸氢钠溶于水中，得到水溶液。

（3）分数次将步骤（2）得到的水溶液加入到步骤（1）的混合液中，搅拌均匀。

（4）继续向步骤（1）的混合液中加入碳酸钠并搅拌 3～5min，混合液经10～20min 的反应、膨胀，形成发泡体。

（5）将发泡体取出，冷却，并粉碎至 100 目以下。

（6）将粉碎后的发泡体和上述配方量的聚合氯化铝、粉煤灰、碳酸钙倒入反应转炉，搅拌均匀，在常压、60～70℃搅拌反应不少于 2h，得到无机-高分子复合絮凝剂。

其中，所述步骤（1）中加热时的升温速度为 2～6℃/min，温度达到 130～160℃后停止加热。

其中，所述步骤（1）、步骤（3）和步骤（4）中的搅拌速度为 100～200r/min。

原料介绍
所述粉煤灰和碳酸钙为 20～50 目。

水溶性淀粉可为水溶性红薯淀粉，也可为水溶性变性淀粉，当然也可为其他类型的水溶性淀粉。

产品应用
本品主要应用于水处理。

产品特性
本品加入了废弃的粉煤灰和价格低的碳酸钙，大大降低了成本。碳酸钙可作为凝聚核心，增大絮体的沉降速度。粉煤灰可作为吸附材料，增强了本品吸附溶解性污染物的能力。因此，本品不仅具有沉淀时间短、对颗粒物絮凝沉淀效果好、可采用固相生产等优点，而且还具有成本低，且能有效去除污水中的溶解性污染物和颗粒物的优点。

配方 20
复合型无机高分子絮凝剂

原料配比

原料	配比（质量份）		
	1#	2#	3#
水玻璃	5.52	3.46	4.62
浓硫酸	3.8	3.5	4
七水硫酸亚铁	116	130	122
水	34.1	26.1	48
浓硫酸	3.6	6.3	5
七水硫酸锌	3	2	2.6
七水硫酸镁	4	3	3.4
无水氯化钙	3	2	2.4
氯酸钠	6.2	7.6	7.1
高锰酸钾	0.6	0.84	0.77

制备方法

（1）活化：将水玻璃用水稀释后，加入浓硫酸，常温搅拌 2h 进行活化聚合得半成品 A。

（2）混溶：向半成品 A 中依次加入七水硫酸亚铁、水、浓硫酸、七水硫酸锌、七水硫酸镁、无水氯化钙，40℃条件下搅拌，使上述物质溶解得半成品 B。

（3）氧化：在 55～70℃条件下向半成品 B 中缓慢滴加氯酸钠和高锰酸钾，搅拌溶解得半成品 C。

（4）熟化：将半成品 C 在 55～60℃条件下连续搅拌 3.0h，即得到复合型无机高分子絮凝剂。

产品应用
本品主要应用于废水处理。

产品特性
（1）采用活性硅酸作为助凝剂，可增强混凝的协同效应，增强药剂的卷扫和网捕能力，同时引入硅酸根离子来提高药剂稳定性。

（2）反应物中 Zn^{2+}、Mg^{2+}、Ca^{2+} 不参与聚合过程，以游离态存在，发挥协同作用，使絮凝、脱色、除磷效果明显提高。

（3）七水硫酸亚铁、水玻璃来源广泛、价格低廉，各种原辅料无有毒有害离子，不会对环境造成二次污染。

（4）本品常温下为液体，可直接投加使用，操作方便。

（5）各种原辅料的合理配伍使产品具有絮凝效果好、兼具脱色除磷作用、适用范围广等优点，可用于 COD 大于 5000mg/L、COD 为 1000～5000mg/L 和 COD 小于 1000mg/L 的高、中、低不同浓度化工制药废水或城市污水的处理。

配方 21
废水絮凝剂

原料配比

原料	配比（质量份）					
	1#	2#	3#	4#	5#	6#
碳酸镧	2.3	2.3	—	—	4.6	—
混合稀土碳酸盐	—	—	2.3	2.3	—	4.64
60%的硝酸	7（体积份）	7（体积份）	8（体积份）	8（体积份）	15（体积份）	15（体积份）
硅酸钠	12.3	12.3	12.3	12.3	24.6	24.6
$Al_2(SO_4)_3 \cdot 18H_2O$	30	—	30	—	30	30
硫酸铁	—	18.4	—	18.4	18.4	18.4

制备方法

（1）制备稀土硝酸盐溶液：取稀土碳酸盐，在搅拌下缓慢加入 60%硝酸中，40～50℃加热下进行反应，稀土与硝酸的摩尔比为（1:8）～（1:15），生成稀土硝酸盐溶液。

（2）制备聚合硅酸溶液后，加入固体金属硫酸盐，搅拌至固体的金属硫酸盐全溶，再加入步骤（1）制备所得稀土硝酸盐溶液，进行复合反应，复合反应时间选择 30min，反应结束后调整溶液总体系 pH 值为 1.0～1.5，静置熟化时间选择 30～36h，从而制备得到所需复合絮凝剂。

上述步骤（1）中，稀土硝酸盐采用稀土碳酸盐为原料制备，由于稀土碳酸盐不溶于水，也不溶于硫酸，故将稀土碳酸盐在热硝酸中转化成水溶性好的硝酸稀土待用，其制备的化学反应式为：

$$La_2(CO_3)_3 + 6HNO_3 =\!=\!= 2La(NO_3)_3 + 3H_2O + 3CO_2$$

$$LaCe(CO_3)_3 + 6HNO_3 \longrightarrow LaCe(NO_3)_6 + 3H_2O + 3CO_2$$

上述步骤（2）中，聚合硅酸溶液的制备过程中，硅酸钠用水稀释到二氧化硅占整个溶液总质量的 5% 左右，再用浓度为 20%～35% 的稀硫酸调整个溶液总体系 pH 值为 5.0～5.5，聚合反应温度选择 30～35℃，反应时间选择 12～15min。实验表明，硅酸钠在水溶液中的聚合时间，与其浓度、体系的 pH 和聚合温度有密切关系，只有控制在二氧化硅占整个溶液总质量的 5% 时，其在室温、pH 值为 5.0～5.5 条件下，聚合时间大约是 12～15min，而当二氧化硅的质量分数大于 5% 时，在相同条件下，聚合时间只有 1～2min，难以控制反应过程。

原料介绍 所述稀土为镧或镧铈的混合物；

所述金属硫酸盐为硫酸铝或硫酸铁中的一种或两种的混合物。

产品应用 本品主要应用于处理印染、造纸等废水。

产品特性

（1）本品效果优于常用的聚硅硫酸铁/铝，废水色度去除率达 90% 以上，COD 去除率在 65% 以上，总磷去除率在 88% 以上。

（2）本絮凝剂出现矾花快，大而结实，对单一染料废水混凝剂用量比 PAC 降低一半以上，比 PASS（聚硅硫酸铝）低 20% 以上，废水色度去除率提高 10% 左右，处理成本较低，并提高了处理效果。

（3）本品是混凝效果好、价格较低、用量少、处理成本低的混凝剂，混凝效果优于 PASS 或 PFSS（聚硅硫酸铁），尤其对高色度废水有明显的脱色效果。

配方 22
复合低成本絮凝剂

原料配比

原料	配比（质量份）		
	1#	2#	3#
六水合三氯化铁	30	32	28
水	52	56	50
碳酸钠	12	6	16
十二水合磷酸氢二钠	3	3	3
聚二甲基二烯丙基氯化铵	3	3	3

制备方法 将各组分混合均匀即可。

产品应用 本品主要应用于废水处理。

产品特性　本品廉价实用、无毒无害，能够有效去除废水处理系统中高浓度有机污染物与悬浮物，并且对色度也具有较好的去除效果，可代替多种药剂使用。

配方 23
双组分复合型絮凝剂

原料配比

原料	配比（质量份）		
	1#	2#	3#
六偏磷酸钠	3	4.5	6
阴离子型聚丙烯酰胺	1	2	3

制备方法　将各组分混合均匀即可。

原料介绍　阴离子型聚丙烯酰胺为有机物，其分子量为 500 万，缩写名为 APAM 或 HPAM，化学式为 $(CH_2CH)_nCONH_2$，阴离子型的分子链上带有可电离的负电荷基团，在水中可电离成聚阴离子和小的阳离子，能吸附无机污泥所带正电荷。

产品应用　本品主要应用于水处理。本品的使用包括如下步骤：在工程施工现场，向配制好的复合絮凝剂中加水配制成质量浓度为 5‰～8‰ 的稀液，以 30～40mL 稀液对应 1L 待处理泥浆的剂量加入到废浆中，边加边搅拌（使用非金属搅拌材质），废浆 5min 出水达 30%～40%（泥浆体积分数），将泥浆上清液回收使用或直接排放，将重浆进入压滤程序即可。

产品特性

（1）由于采用无机物六偏磷酸钠和有机物阴离子型聚丙烯酰胺复配形成无机-有机高分子复合配剂，处理泥浆时，可形成协同效应，达到高效、快速絮凝的目的，可以解决大批量废弃泥浆的快速处理问题，尤其适用于 pH 值为 8～12、相对密度 1.1～1.3、黏度 16～21s（以工程用黏度测试漏斗测定，500mL）的工程泥浆。

（2）复合絮凝剂组成中，由于未加入任何重金属盐，压滤产生的水，经测量，其重金属含量远低于国家一级排放标准，COD 指标低于国家一级排放标准，总有机碳低于国家一级排放标准，压滤后滤饼含水分低，滤水符合国家排放指标，滤饼和滤水属于环境友好产物。

（3）只需将各组分混配均匀后即可使用，配制操作程序简单，使用方便。

配方 24

四组分复合型絮凝剂

原料配比

原料	配比（质量份）
硫酸铝	15
氯化铁	4
硅藻土	11
高锰酸钾	0.7

制备方法　将硫酸铝、氯化铁、硅藻土以及高锰酸钾分别溶解于水中配制成溶液，得到各组分的水溶液；然后将上述各组分的水溶液混合，即得。

产品应用　本品主要应用于处理印染废水，对于偏碱性水质有良好的处理效果。

产品特性

（1）本品的制备方法简单、易操作，成本低廉，原料来源广泛。

（2）本品的絮体沉降速度快，处理效果优良，二次污染低，生态安全高。

（3）本品中含有的硫酸铝、氯化铁、硅藻土和高锰酸钾可以根据不同印染废水的水质调节配比，从而获得最佳絮凝剂产品。

配方 25

聚硅酸铝铁复合絮凝剂

原料配比

表1：复合絮凝剂

原料	配比（质量份）		
	1#	2#	3#
聚硅酸铝铁	0.5	1	2
壳聚糖	1	1	3

表2：聚硅酸铝铁

原料	配比（质量份）		
	1#	2#	3#
Na_2SiO_3	0.34	0.62	0.36
$Al_2(SO_4)_3$	0.53	0.96	0.57
$FeCl_3$	0.24	0.44	0.26
壳聚糖	2.2	2	1.8

◀ **制备方法** ▶

（1）制备聚硅酸铝铁凝胶：将 Na_2SiO_3 或其水合物配制成 Na_2SiO_3 浓度为 5%～6% 的水溶液，用硫酸调节 pH 值至 5.5～5.8，搅拌，放置，待溶液变蓝后加入 $Al_2(SO_4)_3$ 或其水合物，搅拌均匀，再加入 $FeCl_3$ 或其水合物，搅拌 20～40min，放置至稳定凝胶状，制得聚硅酸铝铁凝胶。

（2）制备壳聚糖溶液：将壳聚糖溶于浓度为 0.8%～1.2% 的乙酸溶液中，制得壳聚糖浓度为 1.8～2.2g/100mL 的壳聚糖溶液。

（3）制备复合絮凝剂：按照聚硅酸铝铁∶壳聚糖＝（0.5～1）∶1［质量比，以 Na_2SiO_3、$Al_2(SO_4)_3$、$FeCl_3$ 三种原料的总质量＝聚硅酸铝铁的质量计算］，将步骤（1）所得的聚硅酸铝铁凝胶与步骤（2）所得的壳聚糖溶液混合，在 pH 值为 1.4～1.8 的酸性，60～80℃，不断搅拌条件下，反应 2～10h（反应结束后，体系颜色由淡黄色逐渐变化为较深的橙黄色），然后在室温（15～30℃）下静置熟化 16～30h，即得复合絮凝剂。

上述制备方法中步骤（1）中所述的搅拌，搅拌速度以 80～150r/min 为佳，搅拌器搅拌标材质以塑料等非金属材料为佳。

上述制备方法中步骤（1）制备的聚硅酸铝铁（PSAF）应满足 Al/Fe＝1，(Al＋Fe)/SiO_2＝1。制得的聚硅酸铝铁凝胶如果不马上使用，在其放置过程中可加入稀盐酸，控制溶液的 pH 值≤2，防止聚硅酸铝铁因放置时间的延长、自身 pH 值升高而产生沉淀。

本品中，聚硅酸铝铁（硅酸钠、硫酸铝、三氯化铁三者质量之和）、壳聚糖之间的质量配比是影响产品稳定性及絮凝效果的主要因素之一。本品通过大量反复的对比试验及试验数据分析，最终确定以（0.5～1）∶1 较好，尤以 1∶1 为佳。

◀ **产品应用** ▶ 本品主要应用于水污染防治中的水处理。

◀ **产品特性** ▶ 本品将聚硅酸铝铁和壳聚糖按照适当比例组合在一起，产生协同增效作用，制得的复合絮凝剂具有性能稳定、储存性能好、使用方便等优点。

配方 26
富含活性催化剂的聚硅酸盐絮凝剂

原料配比

原料	配比（质量份）														
	1#	2#	3#	4#	5#	6#	7#	8#	9#	10#	11#	12#	13#	14#	15#
硅酸钠	4	3	8	6	6	6	6	6	6	6	6	6	6	6	6
水	55	60	65	60	60	60	60	60	60	60	60	60	60	60	60
98％的浓硫酸或37％的浓盐酸	18	21	24	21	21	21	21	21	21	21	21	21	21	21	21
固化硫酸铝试剂	12	16	18	—	—	—	—	—	—	—	—	—	—	—	—
固化硫酸铁试剂	—	—	—	16	—	—	—	—	—	—	—	16	16	16	16
硫酸亚铁	—	—	—	—	16	—	—	—	—	—	3	—	—	—	—
氯化铝	—	—	—	—	—	16	—	—	—	—	6	—	—	—	—
氯化铁	—	—	—	—	—	—	16	—	—	—	7	—	—	—	—
聚合氯化铝	—	—	—	—	—	—	—	16	—	—	—	—	—	—	—
聚合硫酸铁盐	—	—	—	—	—	—	—	—	16	—	—	—	—	—	—
硫酸铝	—	—	—	—	—	—	—	—	—	16	—	—	—	—	—
MnO_2 颗粒	0.2	0.35	0.5	0.35	0.35	0.35	0.35	0.35	0.35	0.35	0.35	—	—	0.1	0.1
FeOOH 颗粒	—	—	—	—	—	—	—	—	—	—	—	0.35	—	0.25	0.1
TiO_2 颗粒	—	—	—	—	—	—	—	—	—	—	—	—	0.35	—	0.15

制备方法 首先将硅酸钠加入到水中制成硅酸钠溶液；其次在搅拌的条件下将所述硅酸钠溶液加入到 98％的浓硫酸或 37％的浓盐酸中，调节混合液的 pH 值为 3.5～6.5，反应完全后得到聚合硅酸溶液；然后向所述聚合硅酸溶液中一并加入无机盐和催化剂颗粒，经搅拌反应完全；最后静置熟化后即得到富含活性催化剂的聚硅酸盐絮凝剂。

原料介绍

所述无机盐为固化硫酸铝、固化硫酸铁、硫酸亚铁、氯化铝、氯化铁、聚合氯化铝、聚合硫酸铁盐的一种，或两种或多种的任意比例混合物。

所述催化剂颗粒为 MnO_2、FeOOH、TiO_2 中的一种，或几种的任意比例混合物。催化剂颗粒的直径为 5μm～3mm。

本品呈果冻状，颜色因不同的无机盐而呈现不同的颜色，一般呈现黑褐色、橘红色。其在使用时可以迅速在水中分散水解并释放包夹的固体颗粒催化剂，催化剂的催化成核作用能够强化聚硅酸盐水解，并且吸附结合水中的胶体颗粒形成微絮核，增加了水中的颗粒浓度，提高了絮体的形成和成长速度，节约了反应时间。利用颗粒状固体催化剂提供的微絮核成长位，形成絮体在催化剂提供的外来界面上的成长、絮体包围催化剂的状况，变相地增加了絮体的尺寸，从而增加了水中絮体的沉降速度。

本品调节硅酸钠溶液与硫酸或盐酸混合液的 pH 值为 3.5～6.5，以有利于后续反应的顺利进行。

本品在聚合硅酸溶液中加入无机盐的同时，也加入了 MnO_2、$FeOOH$、TiO_2 中的一种，或几种的任意比例混合物，通过这样的方法制备出的聚硅酸盐絮凝剂中无机盐的含量与聚硅酸离子的关系为 SiO_3^{2-}：硅酸盐离子＝(1∶1)～(1∶5)，催化剂的含量为 0.2％～1％（质量分数），且其均匀分布在聚硅酸盐絮凝剂的冻状液体中。

产品应用
本品主要应用于水处理。

产品特性

（1）该絮凝剂溶解迅速，可以与水中成分快速混合，提高了反应的效率。

（2）在搅拌作用下，催化剂均匀分布在水中，可以形成以催化剂固体颗粒为核心的矾花，缩短了矾花的形成时间。

（3）由于该絮凝剂中所含的催化剂颗粒细、比表面积大、正电荷含量高、负载量大，不仅具有催化氧化功能，而且还具有吸附功能，于是产生了吸附包夹作用，提供了有机污染物得以共沉淀的机会。另外，水中的某些物质靠羟基生成桥键，有机物必然有一部分附着在其表面，并被后来生成的硅酸盐胶体所覆盖，使有机物包夹于沉淀内部，引起共沉淀，从而利于水中有机物的去除。

（4）所产生的絮体由于包裹着催化剂，其尺寸远超过常规絮凝剂，有利于矾花的沉降，避免了常规絮凝剂小矾花不沉降或沉降时间长的缺点。

（5）其中，所富含的催化剂对水体中的有机物、重金属以及磷等都具有很好的吸附去除能力，所以对水中的颗粒物、有机物、重金属、藻类以及细菌等都具有很好的去除效果，提高了出水水质。

配方 27
高效废水处理絮凝剂

原料配比

原料	配比（质量份）										
	1#	2#	3#	4#	5#	6#	7#	8#	9#	10#	11#
聚合氧化铝	400	300	450	300	200	150	400	400	400	400	400
水	—	100	—	150	250	300	65	134	134	155	178
聚合硅酸	200	200	150	150	150	150	135	66	66	45	22

制备方法 先将聚合氯化铝与水混合均匀，然后在常温常压、快速磁力搅拌的情况下，在 2min 内将聚合硅酸缓慢加入聚合氯化铝溶液中，连续搅拌 10min 即可制得成品，其有效成分为 Al_2O_3 4%～17%、SiO_2 0.3%～3%，碱化度为 30%～70%。

原料介绍 原料中所述的聚合氯化铝为透明液体或固体，可以含有一定量的硫酸根、磷酸根等，是以氢氧化铝凝胶为原料，以高温低压工艺制得，其碱化度为 30%～70%。

聚合硅酸可以通过以下方法制得：量取液体硅酸钠，向其中加入水，得到硅酸钠溶液；量取硅酸钠活化剂（可以是盐酸、硫酸及其他无机酸或乙酸），在快速磁力搅拌的条件下，迅速加入到硅酸钠溶液中，搅拌均匀，可得到活化硅酸；将活化硅酸加热至 30～40℃（如果室温超过 40℃，则不必恒温加热），并保持 30min 即可。该聚合硅酸 pH 值为 1～2，SiO_2 浓度≤60%。

活化硅酸中各组分的配比范围可以是：液体硅酸钠 230，水 500，硫酸 132；或者液体硅酸钠 116，水 448，盐酸 70。

产品应用 本品适用于任何给水、废水的除浊、脱色处理，尤其适合于低温低浊水的净化处理。

产品特性 本品工艺流程简单、价格低廉、用量少，具有良好的混凝、脱色效果，杂质含量低，化学稳定性好。

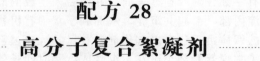

配方 28
高分子复合絮凝剂

原料配比

原料	配比（质量份）	
	1#	2#
聚合硫酸铝水溶液	90	94
聚二甲基二烯丙基氯化铵水溶液	10	6

制备方法

（1）聚合硫酸铝水溶液的制备：将准确计量的聚合硫酸铝投入事先加入计量水的反应釜中，在 4～42℃温度下搅拌溶解，并调节至含聚合硫酸铝为 7.8%～12%（以 Al_2O_3 计）的水溶液。

（2）聚二甲基二烯丙基氯化铵溶液的制备：将准确计量的聚二甲基二烯丙基氯化铵胶体投入事先计量水的反应釜中，在 4～42℃温度下，搅拌溶解。

（3）高分子复合絮凝剂的制备：将步骤（1）制备的聚合硫酸铝水溶液和步骤（2）制备的聚二甲基二烯丙基氯化铵水溶液，加入到混合反应釜中，在4～40℃温度下搅拌混匀，得到稳定的聚合硫酸铝-聚二甲基二烯丙基氯化铵高分子复合絮凝剂。控制高分子复合絮凝剂中 Al_2O_3 含量为7%～10%，混合静置2h，取样检测。

（4）质量检验，合格后包装入库。

> **产品应用**　本品主要应用于饮用水、工业用循环水、生活污水、工业废水絮凝澄清处理，以及脱色、去油处理。

本品使用方法：将高分子复合混凝剂经水稀释后直接投加到原水或废水中，参与各种水处理工艺过程。其特征在于，将高分子复合絮凝剂经水稀释至5～15g/100mL水后，投加至欲处理水中使用。

> **产品特性**

（1）本品对待处理水质针对性强；对高色度、含高腐殖酸的待处理原水脱色效果好；用量少，处理后的水质清澈透明，饮用水质安全可靠；亦可用于工业废水、生活污水、含油污水的水质处理，本品是脱油效果良好的、理想的高分子复合絮凝剂。

（2）选用成本结构明确的聚合硫酸铝为原料，在工业化生产中原料丰富、价格低廉，保证了产品质量的稳定性和供应的可靠性。

（3）生产工艺简单，产品质量稳定。

（4）对高色度、含高腐殖酸原水脱色效果独特，处理后的水清澈透明。与其他药剂相比，其用药量少、成本低。

配方 29
高浓度高色度废水复合脱色絮凝剂

> **原料配比**

表1：聚合硅酸氯化铝

原料	配比（质量份）	
	1#	2#
模数为3.0、SiO_2 含量为29%的硅酸钠水溶液	55	57
软水	312	304
31%的盐酸溶液	17	18
Al_2O_3 含量为10%的聚合氯化铝	660	680

表2：聚胺表氯醇树脂

原料	配比(质量份)	
	1#	2#
40%的二甲胺水溶液	475	485
乙二胺	26	25
表氯醇	395	405
软水	145	155

表3：增效稳定剂

原料	配比(质量份)	
	1#	2#
60%的二甲基二烯丙基氯化铵水溶液	595	605
引发剂过硫酸钾	2	1.8
配位剂乙二胺四乙酸二钠	70	72
软水	290	310

表4：絮凝剂

原料	配比(质量份)					
	1#	2#	3#	4#	5#	6#
聚合硅酸氯化铝	19	1	9	4	2.5	9
聚胺表氯醇树脂	1	1	1	1	1	1
增效稳定剂	占总量的2%	占总量的8%	占总量的2%	占总量的8%	占总量的2%	占总量的8%

制备方法

（1）聚合硅酸氯化铝的合成：取模数为3、SiO_2含量为29%的硅酸钠水溶液，加入部分软水稀释均匀，取31%的盐酸溶液，加入剩余软水稀释均匀，将上述稀释后的水玻璃溶液缓慢加入到上述稀释后的盐酸溶液中进行反应，得到活化硅酸；称取Al_2O_3含量为10%的聚合氯化铝，与上述活化硅酸混合均匀，制备出聚合硅酸氯化铝。

（2）聚胺表氯醇树脂的合成：取40%的二甲胺水溶液，取乙二胺，将二甲胺水溶液和乙二胺一起投入反应釜中，取表氯醇投入滴加罐中，开启反应釜搅拌和冷冻盐水循环，在反应釜内温度降至20℃时，开始向反应釜内滴加表氯醇，控制滴加反应温度为20～30℃，在4～8h内将表氯醇滴加完毕，再向反应釜内加入软水，将反应釜内物料升温至60～70℃，保温反应3h，然后将反应釜内物料降温至30～40℃，出料，制备出聚胺表氯醇树脂。

（3）增效稳定剂的合成：取60%的二甲基二烯丙基氯化铵水溶液投入反应

釜中，再向反应釜内加入作为引发剂的过硫酸钾，作为配位剂的乙二胺四乙酸二钠，在反应釜内进行反应，反应温度控制在55～65℃，保温反应5～8h，反应完毕加入软水，搅拌均匀后出料，制备出聚二甲基二烯丙基氯化铵，即增效稳定剂。

（4）最终合成：以聚合硅酸氯化铝：聚胺表氯醇树脂＝（19：1）～（1：1）的比例将二者搅拌混合1～2h，得混合物，然后加入占混合物质量2%～8%的增效稳定剂，继续搅拌混合1～2h，制备出高浓度高色度废水复合脱色絮凝剂。

◀ **产品应用** ▶　本品主要应用于印染、纺织、染料和造纸等行业的废水处理。

◀ **产品特性** ▶　本品综合了聚合硅酸氯化铝和聚胺表氯醇树脂二者的特点，发挥了二者优异的协同作用，具有投加量少、表面电荷高、吸附能力强、脱色效果好、处理成本低的优点，还具有良好的储存稳定性。

配方 30
高浓度聚合硫酸铝硅絮凝剂

◀ **原料配比** ▶

表1：稳定高浓度偏铝酸钠

原料	配比（质量份）			
	1#	2#	3#	4#
42.25%的NaOH溶液	311.88	311.88	311.88	311.88
葡糖酸钠	2.57	2.57	2.57	2.57
Al(OH)$_3$	185.95	184.01	186.55	188.59
磺酸盐溶液	8.5	8.5	8.5	8.5
16.7%的过硫酸铵溶液	5.1	7.04	4.5	2.46

表2：聚合硫酸铝硅絮凝剂

原料	配比（质量份）			
	1#	2#	3#	4#
硅酸钠	7.5	8.16	6.67	5.83
8.77%的碳酸钠溶液	28.5	28.5	28.5	28.5
偏铝酸钠	108	105	112	115
水	89	91	78	75
19.86%的硫酸铝溶液	600	600	—	—
20.27%的硫酸铝溶液	—	—	608	608

制备方法

(1) 稳定高浓度偏铝酸钠的制备：在 $100\sim120℃$ 下，将葡糖酸钠加入氢氧化钠溶液中，并加入氢氧化铝、稳定剂磺酸盐溶液以及引发剂过硫酸铵，制得稳定高浓度偏铝酸钠产品。该反应在带有搅拌器和同流装置的三颈烧瓶中进行。

(2) 聚合反应：将碳酸钠溶解于少量水中，然后加入硅酸钠，得到混合溶液，取偏铝酸钠，在快速搅拌的条件下，缓慢加入到混合溶液中，混合均匀后，得到碱性中间产物，合成碱性中间体过程中所用的总水量为最终产品总质量的 $9\%\sim10.92\%$；称取硫酸铝溶解于水中，在低于 $30℃$ 的水浴中高速分散，缓慢加入碱性中间产物，混合均匀，在 $55\sim60℃$ 下搅拌熟化，得到期高浓度聚合硫酸铝硅絮凝剂。

所述步骤 (1) 在加入葡糖酸钠后，加热至 $100\sim114℃$，再加入氢氧化铝。

所述步骤 (1) 过硫酸铵是在稳定剂加入 $1\sim5min$ 后加入，并保持温度在 $114\sim120℃$ 下，反应 $40\sim50min$，得金黄色透明的稳定高浓度偏铝酸钠产品，其 Al_2O_3 含量能达到 $300\sim360g/L$。

所述步骤 (2) 加入偏铝酸钠，加入 $5g$ 左右时，会产生结晶，然后再加入水，强烈搅拌，使结晶溶解，再加入剩余的偏铝酸钠。

所述步骤 (2) 制得碱性中间产物后，在常温下继续反应 $0.5\sim1h$。

所述步骤 (2) 的熟化在常温下进行，熟化时间为 $0\sim2.5h$。

产品应用

本品主要应用于处理低温、低浊度的给水及原水。

产品特性

(1) 本品的盐基度达 $65.90\%\sim72.93\%$，同时铝形态的测定结果显示，在一定范围内，产品随着盐基度（碱化度）的增加，其聚合程度迅速增加，这和普通的多羟基聚合物是一致的，说明本品中所制得的聚合硫酸铝硅中羟基之间的聚合仍为主要形式。

(2) 本品中的铝以单体形式存在的量比较少，而以多核配合物及聚合大分子或胶体分子形式存在量高，说明聚合程度比较完全。而聚合硫酸铝硅中铝单双核成分越低，聚合度越高，说明水解速度越快，絮凝效果也会越好。

(3) 本品能稳定半年以上，满足工业化生产的要求。

(4) 聚合工艺简化，省去了过多的加温和降温的过程，整个聚合过程仅需进行一次控温，熟化的时候可以完全不需要搅拌和加温，常温下放置 $20\sim24h$ 便可得到澄清的产品，更符合工业化生产的要求。

配方 31
高效复合型絮凝剂

原料配比

表1：聚合铝铁絮凝剂

原料	配比（质量份）	
	1#	2#
氯化铝	30	20
硫酸铁	21	14
水	400（体积份）	270（体积份）

表2：助凝剂

原料	配比（质量份）
硅酸钠	20
氧化硅	10
水	100（体积份）

表3：复合型絮凝剂

原料	配比（质量份）
聚合铝铁	34
水	270（体积份）
助凝剂	2
十二烷基二甲基叔胺	20

制备方法

（1）在水中和40～70℃下，氯化铝和硫酸铁的质量比为1∶（0.5～1.5）时，在pH值为2～4条件下回流反应0.5～2h，获得聚合铝铁絮凝剂。

（2）将步骤（1）的聚合铝铁和助凝剂在40～70℃和pH＝3～5的条件下，回流搅拌1～3h，得到棕黄色透明的复合型絮凝剂。其中，聚合铝铁和助凝剂的质量比为1∶（0.03～1）。

产品应用

本品主要应用于纺织品印染废水的处理。

产品特性

本品制备方法简便、成本低、使用方便，不仅对常用水溶性染料具有一定的絮凝脱色效果，而且对非水溶性的分散染料和涂料等也具有优良的吸附脱色能力。

配方 32
功能型高聚合絮凝剂

原料配比

原料	配比（质量份）
氢氧化铝	30

续表

原料	配比(质量份)
20%的盐酸	70
沉聚剂	0.2
重质碳酸钙	15
食品级消泡剂	适量

制备方法

(1) 酸溶工序：按质量份称取各种原料，氢氧化铝 30 份，20%的盐酸 70 份。将上述原料，先在反应釜中加入 20%的盐酸，加热至 60~65℃，将氢氧化铝缓缓加入釜内，同时开始搅拌，使氢氧化铝与 20%的盐酸反应升温至 115℃，待反应终止维持搅拌 30min，开始降温放料，得半成品。

(2) 聚合工序：待半成品固、液分离后取上清液，放入反应釜中开始搅拌，加热至 50℃，缓缓加入重质碳酸钙，控制反应温度为 75~80℃。

(3) 强制复合工序：持续 30min，加入三氯化铁、有机硅、硼、硅酸钠、高锰酸钾中的任意一种或两种沉聚剂，使分子架桥成链，料液微呈黏状，取样检测盐基度达到 72。

(4) 沉聚工序：持续搅拌 20min，发现大量泡沫生成时，投加食品级消泡剂，杀灭泡沫。

(5) 成品工序：沉放料沉淀成液体产品。

原料介绍

所述的沉聚剂是三氯化铁、有机硅、硼、硅酸钠、高锰酸钾中的任意一种或两种。

产品应用

本品主要应用于水处理。本品的使用方法：根据处理不同水质要求，可分为两个方面。

(1) 处理高色度的生活饮用水，将功能型高聚合絮凝剂稀释到 5%~10%，也可为任意浓度。检测待处理水的浊度、色度，选择适量的功能型高聚合絮凝剂稀释液，通过计量泵定量投加。水体受药后即出现水体中的腐殖质等杂质凝聚的絮体，而后按水处理工艺澄清、沉淀、过滤。一般浊度 100°、色度 30 左右的待处理水，每千吨水耗药量仅为 40~60kg。

(2) 处理高有机质污水时，将功能型高聚合絮凝剂稀释成 10%的稀释液，投加后要有搅拌助凝设备。

(3) 本品适应的 pH 值范围为 4~14，絮体能在 2min 内形成，满足污水处理的要求。

产品特性

使用本品进行水处理，具有效果好、成本低、适用范围广、利于环保等优点，尤其对高色度水、高腐殖酸水、高有机质水均能进行处理，处理后的水质达标。本品的制备方法具有工艺流程短、方便管理、效率高、能够降低制作成本等优点。

配方 33
固体复合聚合硫酸铁絮凝剂

原料配比

原料	配比（质量份）				
	1#	2#	3#	4#	5#
硫酸亚铁	50	50	50	50	50
钠基膨润土	0.5	1.3	1.8	10	25
水	25	25	25	25	25
98%的硫酸	9	9	9	9	9
30%的 H_2O_2 溶液	7.8	7.8	7.8	7.8	7.8

制备方法

（1）将经钠化所得的钠基膨润土干燥、研磨、过 100 目筛。

（2）将硫酸亚铁与钠基膨润土以（1∶0.05）～（1∶2.5）的质量比置于反应器中，加入硫酸亚铁质量 0.06～0.2 倍的水，搅拌 5～25min。

（3）加入硫酸亚铁质量 0.86～1.74 倍质量的 98%的硫酸，搅拌 5～20min。

（4）加入硫酸亚铁质量 0.35～0.65 倍质量的质量浓度为 20%～30%的 H_2O_2 溶液，搅拌 0.2～2.5h，得反应预产物，静置陈化 8～24h。

（5）将陈化后的产物在 30～45℃的条件下减压浓缩至原体积的 25%～60%，得红褐色胶状产物，放置 5～30d，即得固体复合聚合硫酸铁。

所述钠基膨润土的钠化工艺为：将钙基膨润土（即通常所说的膨润土）中加水，搅拌制得钙基膨润土浆液，控制矿浆浓度为 5%～25%；然后加入钙基膨润土质量 1%～15%的 Na_2CO_3，室温搅拌后静置 3～6h，得钠化膨润土浑浊液，然后洗涤、分离、干燥，得到钠基膨润土。

产品应用　本品主要应用于高浓度有机淀粉废水的处理中。

产品特性

（1）本品性状为淡黄色固体，性能稳定，便于保存和运输。

（2）本品在处理高浓度有机淀粉废水时，絮体沉降速度快，且絮体密实，除臭效果好，COD 去除率相对较高，具有很强的实用价值。马铃薯淀粉废水原水经久置散发出恶臭，而经此絮凝剂处理过的水样放置数天，剩余 COD 值基本保持稳定，水样无异味，呈澄清透明状。

（3）本品在制备的过程中不需控温装置，能耗低；原料价廉易得，成本低；装置、工艺简单，操作方便，易于工业化生产。

配方 34
硅钙复合型聚合氯化铝铁絮凝剂

原料配比

原料	配比（质量份）				
	1#	2#	3#	4#	5#
铝矾土	30	50	100	500	—
高岭土	—	—	—	—	30
20%的工业盐酸	60	100	200	1000	60
硅酸钠	0.8	1.3	0.0025	15	1.4
碳酸钙	8	—	—	135	—
碳酸镁	—	10	—	—	—
大理石粉	—	—	20	—	—
氯化钙	—	—	—	—	10

制备方法

（1）浸提：将各种含铝铁的原料，如铝矾土、高岭土、铝灰、铝屑等按常规方法用盐酸浸提，得到含铝铁元素的浸提液；然后将浸提液浓度（按 Al_2O_3 + Fe_2O_3 计）调整到 10%。

（2）聚合反应：首先将硅酸钠作为催化剂和稳定剂加入浸提液，然后将碱土金属盐（如碳酸钙、碳酸镁等）作为聚合剂加入浸提液，进行快速聚合反应，反应条件为常温（0～50℃），常压，pH＝4.0～5.0（最佳 pH 值为 4.5），时间为 30～90min（最佳时间为 60min）。碱土金属盐的量以（Al^{3+} ＋ Fe^{3+}）计为 40%～100%，硅酸钠的量以（Al^{3+} ＋ Fe^{3+}）计为 2%～20%（最佳剂量为 5%～10%），聚合反应后的溶液具有一定的黏滞性，即为液体产品，存放三个月不分解。

（3）干燥：将液体产品在 70～110℃的条件下干燥，得到固体产品。

产品应用
本品主要应用于水处理。

产品特性

（1）大大缩短生产时间。本品所述的生产方法，聚合反应时间仅需 30～90min，以 60min 为最佳。

（2）生产方法简便。本品不需特殊设备及特殊反应条件。

（3）产品结构大，吸附能力强，电荷数高，投入原水后，絮凝速度快，絮凝颗粒结实，沉降速度快，重凝性好，易于过滤。在高浊度水处理时，絮凝可在 15s 左右完成，在低浊度水处理时，一般在 60s 内完成。本品投入后不改变原水的 pH 值，净化后饮用水不存在铝害。

（4）本品在使用中对管道、设备腐蚀性小。

配方 35
海水淡化预处理絮凝剂

原料配比

原料	配比（质量份）		
	1#	2#	3#
盐酸酸洗废液	200（体积份）	500（体积份）	500（体积份）
氧化铁皮	4	10	10
$KClO_3$	10	25	25
KH_2PO_4	3.2	8	8
CaO	2	—	—
MgO	—	6	—
$Mg(OH)_2Ca(OH)_2$	—	—	20
硅酸钠	20	50	50
1∶1 的盐酸	25（体积份）	75（体积份）	75（体积份）
水	120（体积份）	300（体积份）	300（体积份）

制备方法

以工业酸洗废液和氧化铁皮为主要原料，根据游离酸含量补加一定量的盐酸或氧化铁皮，使铁含量达到 10% 以上，然后加入一定量的氧化剂和稳定剂，在 30～70℃ 下快速搅拌使其发生氧化、聚合反应。当发生氧化、聚合反应 15～60min 后，用氧化钙（氧化镁，或氢氧化镁与氢氧化钙混合浆料）作碱化剂调节碱化度到 10%～25%，便可制备出稳定性聚合氯化铁。

在聚合氯化铁中室温（15～35℃）下加入聚硅酸，在高剪切条件下使其发生进一步聚合，然后在 30～50℃ 下熟化 0.5～2h，便可得到稳定的聚硅酸氯化铁。

产品应用

本品主要应用于海水淡化预处理。

产品特性

（1）原料都是钢铁工业生产过程中的废弃物，属于废物利用、变废为宝。

（2）运用高剪切设备生产的聚硅酸氯化铁产品稳定性好、质量均一、性能优良。

（3）在海水絮凝处理中，其效果均优于聚合氯化铁、三氯化铁。

配方 36
海水絮凝剂

原料配比

原料	配比（质量份）	
	1#	2#
聚硅酸（以 SiO_2 计）	28	28
$AlCl_3$	200	200
$FeCl_3$		200

制备方法 在 25～35℃条件下，将硅酸钠固体，用水配制成 SiO_2 质量分数为 3%～5% 的硅酸钠溶液，在搅拌条件下加入到 15%～20% 的浓盐酸中，反应时间为 10～30min，控制终点 pH＝4.1～4.5 时，静置 4～20min 制得聚硅酸，然后先加入三氯化铝，再加入三氯化铁，搅拌溶解，陈化 20～40min 制得聚合硅铝铁絮凝剂。

产品应用 本品主要应用于海水处理。

产品特性

（1）用此药剂处理过的海水絮体形成速度快、体积大，静置时沉降迅速，海水的浊度、COD 去除率高，并且药剂的使用剂量远较传统絮凝剂少，处理一般浊度海水通常只需加入 5mg/L 左右的絮凝剂就能达到很好的处理效果。此药剂的合成工艺简单，药剂成本与传统絮凝剂相当，药剂处理后的海水对人畜没有任何伤害。因此，使用此絮凝剂处理海水具有安全、优质、高效、廉价的特点。

（2）采用本海水絮凝剂处理高浊度海水，尤其是使用复合无机高分子絮凝剂，由于絮凝剂中多种离子组分的相互作用，对海水中的胶体物质起到了很好的中和、吸附作用，用其处理海水，海水浊度的去除率在 80% 以上，并且处理过的海水浊度均在 10 以下。

（3）海水絮凝剂合成时工艺条件简单、容易实现，聚合反应的副反应少，所合成的产品为液态，具有使用方便的特点，并且合成原料来源广泛，设备投资低，易实现工业化生产。

配方 37
含钛聚硅酸金属盐絮凝剂

原料配比

原料	配比(质量份)					
	1#	2#	3#	4#	5#	6#
硅酸钠	122	122	122	122	122	244
硫酸铝	133.24	199.86	—	—	66.62	333.1
硝酸铝	—	—	187.57	—	75.03	
氯化铝	—	—	—	120.65	48.26	
硫酸镁	98.59	—	—	49.3	147.89	246.48
氯化镁	—	81.32	—	20.33		
硝酸镁	—	—	128.2	64.1		
硫酸氧钛	63.98	—	63.98	79.98	63.98	159.95
氯化钛	—	113.82	37.94	—		

制备方法

将硅酸钠加水稀释成质量分数为 $2\%\sim3\%$ 的硅酸钠水溶液，在硅酸钠水溶液中加入质量分数为 $30\%\sim50\%$ 的硫酸溶液，将硅酸钠水溶液的 pH 值调节成 $3\sim4$；然后将硅酸钠水溶液在常温下搅拌 $10\sim30min$，硅酸钠水溶液发生聚合反应；依次将铝盐、镁盐和钛盐加入硅酸钠水溶液中，搅拌均匀后静置熟化 $1\sim2d$，即得含钛聚硅酸金属盐絮凝剂。加入的铝盐、镁盐和钛盐中的各个金属离子与硅酸钠水溶液中硅的摩尔比为 $(0.4\sim0.6):1$。静置熟化是为了使聚合反应进行得更加完全。

原料介绍

所述的铝盐为硫酸铝、氯化铝、硝酸铝中的一种或多种。所述的镁盐为硫酸镁、氯化镁、硝酸镁中的一种或多种。所述的钛盐为硫酸氧钛、氯化钛中的一种或两种。

产品应用

本品主要应用于水处理。

产品特性

制备的含钛聚硅酸金属盐絮凝剂中含有 Al^{3+}、Mg^{2+}、Ti^{4+} 等金属离子，它们参与了硅酸的聚合，优化了聚硅酸金属盐无机高分子的结构，所得絮凝剂稳定性好。同时，制备的含钛聚硅酸金属盐絮凝剂中含有金属离子 Ti^{4+}，能够与染料分子配合生成结构复杂的大分子，使染料分子具有胶体性质而易被絮凝除去。

配方 38
含有多种聚丙烯酰胺的复合絮凝剂

原料配比

原料	配比（质量份）		
	1#	2#	3#
碳酸钠	5	10	10.
硫酸钠	15	20	20
硅酸钠	5	5	5
钾明矾	15	15	25
水	2～3	2～3	2～3
阴离子聚丙烯酰胺	67	80	90
非离子聚丙烯酰胺	33	20	10

制备方法

（1）将除 4A 沸石外的所述无机絮凝剂按比例加入第一搅拌槽，加入 2%～3%清水，在常温常压下以 25r/min 的速度搅拌 15～25min 后出料，通过运输带送入第一级振动流化床干燥，达到一定水分后再进入第二级振动流化床干燥，干燥温度控制在 50～100℃，得到的无机絮凝剂混合物搅拌后，输送至第一储存槽。

（2）将所述有机絮凝剂按比例加入第二搅拌槽，搅拌得到有机絮凝剂混合物，输送至第二储存槽。

（3）将第二储存槽内的混合物输送至第三搅拌槽，按比例加入 4A 沸石，搅拌后得到混合物，输送至第三储存槽。

（4）将第一储存槽内的混合物和第三储存槽内的混合物按比例混合，搅拌，得到成品。

优选地，所述步骤（2）为将阴离子聚丙烯酰胺和非离子聚丙烯酰胺按比例加入第二搅拌槽，在常温常压下以 25r/min 的速度搅拌 15～25min 后出料，通过运输带送入第一级振动流化床干燥，干燥温度控制在 50～100℃，搅拌得到有机絮凝剂混合物，输送至第二储存槽。

优选地，所述步骤（3）为将第二储存槽内的混合物输送至第三搅拌槽，按比例加入无机絮凝剂成分之一的 4A 沸石，在常温常压下以 25r/min 的速度搅拌 15～25min 后出料，混合物输送至第三储存槽。

优选地，所述步骤（4）为将第一储存槽内的混合物和第三储存槽内的混合物按比例混合，在常温常压下以 25r/min 的速度搅拌 15～25min 后出料，得到成品。

◀ **产品应用** ▶　本品主要应用于水处理。

◀ **产品特性** ▶　本品中，发挥混凝作用的无机成分和助凝作用的有机成分同时投加，避免了分步投加的不便。非离子和阴离子的同时使用增加了水解度的维度，提高了电中和效率。由于阴离子具有分子量高、分子链长、黏度大的特点，非离子分子量相比稍低、分子链较短、黏度较小，使得吸附架桥和网捕的密度更大，处理废水产生的絮团大，出水水质更清。

配方 39
聚合氯化铁絮凝剂

◀ **原料配比** ▶

原料	配比（质量份）		
	1#	2#	3#
盐酸酸洗钢铁废液	1230	—	—
11%的酸洗废液	—	650	—
废铁屑	—	8	121
磷酸铵	36	—	—
磷酸二氢铵	—	9.92	—
稳定剂磷酸盐	—	—	11.5
氯酸钠	47.5	24.8	—
盐酸	59	20（体积份）	500（体积份）
氧化剂	—	—	29.6
水	—	30	—

◀ **制备方法** ▶

（1）根据盐酸酸洗废液中游离酸含量及其含铁量，加入适量废铁屑和盐酸（或采用二氯化铁）溶解，使废液中的总铁含量达到10%以上。

（2）将澄清盐酸酸洗钢铁废液定量送入反应釜，加入适量磷酸盐（磷酸胺）稳定剂，并在搅拌及升温（<50℃）条件下定量分批注加氯酸盐类固体或溶液聚合氧化剂，使氯化亚铁离子全部氧化并聚合成聚合氯化铁离子。

（3）在氧化聚合反应后期，通过逐步加入适量酸或碱，进一步调节聚合铁溶液碱化度。

以1#为例，具体制备方法如下：称取相对密度为1.3的盐酸酸洗钢铁废液，在强烈搅拌的条件下加入稳定剂磷酸铵，充分反应后逐步分批加入氯酸钠，氧化聚合后再加入盐酸，得到总铁浓度 10.4％，二价铁浓度小于 0.1％，碱化度为 22％的稳定性聚合氯化铁。

> **产品应用** 本品适用于给水和废水混凝处理。

> **产品特性** 本品原料易得，配比科学，工艺简单，产品经济适用，具有比聚合硫酸铁更高的混凝效能，且可长期储存。

配方 40
聚硅铝絮凝剂

> **原料配比**

表1：聚合硅酸

原料	配比（质量份）	
	1#	2#
2.3％的 H_2SO_4 溶液	100	—
40％的 H_2SO_4 溶液	—	6
废水玻璃母液	100	—
4％的硅酸钠溶液	—	100

表2：聚硅铝絮凝剂

原料	配比（质量份）				
	1#	2#	3#	4#	5#
聚合硅酸溶液	50	50	50	50	50
3.3％的无水氯化铝水溶液	1	—	—	—	—
10％的 $Al_2(SO_4)_3 \cdot 18H_2O$ 溶液	—	3	—	—	—
3.7％的 $Al_2(SO_4)_3 \cdot 18H_2O$ 溶液	—	—	11	—	—
50％的 $Al_2(SO_4)_3 \cdot K_2SO_4 \cdot 18H_2O$ 溶液	—	—	—	15	—
70％的 $Al_2(SO_4)_3 \cdot K_2SO_4 \cdot 18H_2O$ 溶液	—	—	—	—	28

> **制备方法**

(1) 将含有硅酸钠的溶液加入无机酸中，使混合液 pH 值为 1～4（优选 2～3），搅拌，静置熟化，生成聚合硅酸溶液。

(2) 将无机铝盐的水溶液加入步骤 (1) 中的聚合硅酸溶液中，搅拌，静置熟化，即得聚硅铝絮凝剂。

步骤 (1) 中的硅酸钠与步骤 (2) 中的铝盐的用量比值可以很宽，具体范围要根据应用水质中所含的离子情况进行确定。对于一般水质，铝硅比（Al/

SiO_2）可以是 0.3～3，优选 0.6～2。

<原料介绍> 所述含有硅酸钠的溶液可以是纯硅酸钠配制的溶液，也可以是从炼油催化剂厂晶化釜中取得的废水玻璃母液（主要成分为硅酸钠、硫酸钠），硅酸钠的浓度可以是 1%～8%，优选 2%～6%。操作温度没有特别限制，只要溶液不沸腾即可，优选 10～50℃。所述无机酸可以是硫酸、盐酸等。为了便于操作，可以将无机酸配制成浓度为 2%～50% 的溶液。搅拌反应时间为 1～6h，静置熟化时间为 2～24h。搅拌和静置熟化都是为了聚合反应进行得更加彻底。

所述无机铝盐可以是氯化铝、硫酸铝或硫酸铝钾等。搅拌温度可以是室温，也可以升温至沸腾温度以下，最好是 60℃ 以下。搅拌反应 2～6h，然后静置熟化 12～24h，即得聚硅铝絮凝剂。一般来说，搅拌温度高，可以适当缩短搅拌时间和静置熟化的时间。

<产品应用> 本品主要应用于污水处理。

<产品特性> 制备的聚硅铝絮凝剂的应用范围广，且使用条件缓和，在 pH 值为 5～10，水温 0～60℃ 的含有硅藻土类、沟渠生物、有机物、油等各种悬浮杂质的水质中加入本絮凝剂 $2 \times 10^{-6} \sim 10 \times 10^{-6}$，都会起到良好的絮凝效果。

我国目前有多家生产炼油催化剂的企业，其生产分子筛的碱性废水中含有大量未反应的硅酸钠，任其排放则既污染环境，又浪费了资源。若按照本配方提供的方法将其利用，则可以起到变废为宝，既节约资源又保护环境的双重功效。

配方 41
聚硅酸金属盐絮凝剂

<原料配比>

原料	配比（质量份）				
	1#	2#	3#	4#	5#
绿矾	20	50	45	30	50
钛白粉废酸	40	100	90	50	90
工业用氯酸钾	40	50	60	40	60
硅酸钠	203	203	473	353	—
模数为 2.4 的水玻璃	—	—	—	—	206

<制备方法>

（1）将生产钛白粉过程中产生的绿矾和废酸与工业用氯酸钾加入到反应容器

中，在 35～50℃下搅拌 2～3h 得到黏稠的聚合硫酸铁。加入的绿矾与工业用氯酸钾的质量比为（0.5～1）：1，加入的废酸与工业用氯酸钾的质量比为（1～2）：1。

（2）将硅酸钠加水稀释成硅酸钠水溶液，硅酸钠水溶液中 SiO_2 的质量分数为 2%～3%；在硅酸钠水溶液加入生产钛白粉过程中产生的废酸，将硅酸钠水溶液的 pH 值调节成 3.5～4.5，将硅酸钠水溶液在常温下搅拌 10～30min，即得聚硅酸溶液。

（3）将步骤（1）得到的聚合硫酸铁加入到聚硅酸溶液中，搅拌均匀后静置活化 10～24h 即得聚硅酸金属盐絮凝剂，加入的聚合硫酸铁与硅酸钠水溶液中 SiO_2 的质量比为（1～2）：1。

产品应用 本品主要应用于水处理。

产品特性 本品利用了钛白粉生产的副产物，价格低廉。同时，由于在废酸中还含有 Al^{3+}、Ti^{4+}、Mg^{2+} 等金属离子和 TiO_2 微粉，它们参与了硅酸的聚合，优化了聚硅酸金属盐无机高分子的结构，所得絮凝剂具有稳定性好、适用范围广、絮凝效果佳的特点。

配方 42
聚硅酸氯化铁絮凝剂

原料配比

表1：聚合氯化铁溶液

原料	配比（质量份）				
	1#	2#	3#	4#	5#
赤铁矿粉	5	50	200	50	150
6mol/L 的工业盐酸	34.3（体积份）	—	—	342.47（体积份）	—
7mol/L 的工业盐酸	—	342.47（体积份）	—	—	342.47（体积份）
8mol/L 的工业盐酸	—	—	342.47（体积份）	—	—

表2：聚硅酸氯化铁絮凝剂

原料	配比（质量份）
聚合氯化铁溶液	1
聚硅酸	1

制备方法

（1）聚合氯化铁的制备：取赤铁矿粉，将 6～8mol/L 的工业盐酸加入其中，在 75～95℃水浴加热器中进行氧化反应，搅拌 2～3h，然后过滤，得到三氯化铁溶液；在 38～42℃ 水浴中，用氢氧化钠调节所述的三氯化铁溶液的 pH 值在 1.2～1.6 之间，搅拌反应 28～32min，熟化 24h，得到聚合氯化铁溶液。

（2）聚硅酸的制备：用稀硫酸逐步加入到硅酸钠溶液中，调节其 pH 值为 1.8～2.2，活化 28～32min，得到聚硅酸溶液。

（3）聚硅酸氯化铁的制备：将聚合氯化铁溶液与聚硅酸按铁硅物质的量比为 1∶1 进行混合，在温度为 38～42℃ 的条件下，调节所述混合溶液的 pH 值为 1.8～2.2，陈化 2h，制得聚硅酸氯化铁溶液。

◀ **产品应用** ▶ 本品主要应用于废水处理、水净化。

◀ **产品特性** ▶

（1）采用赤铁矿以及工业盐酸作原料，原料较为容易得到，且原料售价不高，产品成本较低，有竞争力。

（2）生产的聚硅酸氯化铁工艺简单，容易实现规模化生产，生产及使用安全。

（3）生产的聚硅酸氯化铁的使用效果优于常规絮凝剂，如聚合氯化铝、三氯化铁及聚合氯化铁。

配方 43
聚硅酸氯化铁絮凝药剂

◀ **原料配比** ▶

原料	配比（质量份）		
	1#	2#	3#
盐酸酸洗废液	200（体积份）	500（体积份）	500（体积份）
氧化铁皮	4	10	10
KClO₃	10	25	25
KH₂PO₄	3.2	8	8
CaO	2	—	—
MgO	—	6	—
Mg(OH)₂ Ca(OH)₂	—	—	20
硅酸钠	20	50	50
1∶1 的盐酸	25（体积份）	75（体积份）	75（体积份）
水	120（体积份）	300（体积份）	300（体积份）

◀ **制备方法** ▶

（1）聚合氯化铁的制备：取盐酸酸洗废液，加入氧化铁皮，在大于 70℃ 温度下搅拌 2h，过滤后，在滤液中加入 $KClO_3$、KH_2PO_4、碱化剂，搅拌 1.7h 后即得聚合氯化铁。

（2）聚硅酸的制备：用硅酸钠，以 1:1 的盐酸与水活化 0.5h，即得聚硅酸。

（3）聚硅酸氯化铁的制备：在高剪切搅拌条件下，将制备好的聚硅酸和聚合氯化铁混合搅拌均匀，35~45℃下熟化 0.5~1.5h 即可制得。

原料介绍 所述碱化剂为氧化钙（氧化镁，或氢氧化镁与氢氧化钙的混合浆料）。

产品应用 本品主要应用于自来水厂给水净化、废水处理、低温低浊水处理。

产品特性

（1）原料都是钢铁工业生产过程中的废弃物，属于废物利用、变废为宝。

（2）运用高剪切设备生产的聚硅酸氯化铁产品稳定性好、质量均一、性能优良。

（3）在给水净化处理中，其效果均优于聚合氯化铁、三氯化铁。

配方 44
聚硅酸盐絮凝剂

原料配比

原料	配比（质量份）				
	1#	2#	3#	4#	5#
$ZnSO_4 \cdot 7H_2O$	5.06	10.12	40.48	—	—
硫酸铁	—	—	—	9.89	—
$Al_2(SO_4)_3 \cdot 18H_2O$	—	—	—	—	20.24
水	60（体积份）	60（体积份）	50（体积份）	35（体积份）	85（体积份）
硅酸钠	5	10	20	5	10
水	35（体积份）	25（体积份）	50（体积份）	60（体积份）	50（体积份）
6mol/L 的硫酸溶液	5~6（体积份）	12~13（体积份）	25（体积份）	7~9（体积份）	8~9（体积份）

制备方法 使用碱金属硅酸盐（$Na_2O \cdot nSiO_2 \cdot mH_2O$），用水稀释至 SiO_2 为 1%~3%，根据相应金属盐中的金属与硅的摩尔比，其范围在（0.5:1）~（1:3），配制出相应的金属盐溶液。将硅酸盐溶液滴加到金属盐溶液中，或将金属盐溶液滴加到硅酸钠溶液中，不断形成沉淀，为防止形成大的结块，必须强烈搅拌。硅酸盐溶液滴加完毕后，加入浓度为 6mol/L 的硫酸溶液，使反应液的 pH 值维持在 1.0~4.0，继续搅拌，进行活化反应，活化反应时间控制在 1~

12h。该絮凝剂在 6～12 个月不出现固态凝胶。

> **产品应用**　本品主要应用于水处理。

> **产品特性**　本品合成方法简便、成本低、絮凝效果好。

配方 45

聚硅钛复合絮凝剂

原料配比

原料	配比（质量份）			
	1#	2#	3#	4#
液体正硅酸乙酯	2.08	20.8	3.12	4.16
液态钛酸乙酯	0.91	13.7	1.71	2.28
0.1mol/L 的氢氧化钠溶液	100（体积份）	—	—	—
0.5mol/L 的氢氧化钠溶液	—	400（体积份）	—	—
0.3mol/L 的氢氧化钠溶液	—	—	100（体积份）	—
0.2mol/L 的氢氧化钠溶液	—	—	—	150（体积份）

> **制备方法**　将液体正硅酸乙酯和液态钛酸乙酯在容器中混合，常温下搅拌均匀，然后滴加浓度为 0.1～0.5mol/L 的氢氧化钠溶液，形成混合溶液；将混合溶液静置熟化 1～2d，得到聚硅钛复合絮凝剂。静置熟化是为了使聚合反应进行得更加完全。

> **产品应用**　本品主要应用于水处理。

> **产品特性**　本品的分子中硅与钛金属离子分布均匀，生产重现性和稳定性好。同时，本品的聚硅钛复合絮凝剂高分子中除硅以外仅含有 Ti^{4+} 金属离子，由于不含金属铝，所以不存在铝残留问题，特别适合自来水的混凝处理。

配方 46

聚合硅酸铝铁絮凝剂

原料配比

原料	配比（质量份）	
	1#	2#
硅酸钠	2	2
水	200（体积份）	200（体积份）

原料	配比（质量份）	
	1#	2#
氯化铝	11.2	8.46
硫酸铁	4.66	4.66

制备方法 称取硅酸钠，放入 500mL 的烧杯中，加入水溶解，将硅酸钠溶液放入恒温水浴锅内，温度设定在 50℃，快速搅拌 15min，得到无色透明溶液，测其 pH 值为 12～13，加入少量稀硫酸活化，pH 值变为 11.42，继续搅拌 10min，即得聚合硅酸钠。分别称取氯化铝、硫酸铁，在不断搅拌的情况下，向上述溶液中逐渐加入氯化铝，开始时会出现白色浑浊，随着搅拌时间的加长溶液开始变澄清，测其 pH 值为 2.68。氯化铝完全加入后开始逐渐加入硫酸铁，此时溶液颜色开始逐渐加深，并伴有橘黄色浑浊，而后颜色又进一步加深，并且溶液逐渐变澄清，最终变为红棕色透明溶液。整个反应时间为 1.5～2h。停止搅拌后放置 4h 以上进行熟化，室温下避光保存。

制备方法中硫酸加入量的不同，不但影响聚合硅酸钠的活化效果，而且对于絮凝剂的絮凝效果也将产生影响。基于广泛被采用的理论：聚十三铝是聚合铝中的最佳凝聚絮凝成分，其含量可以反映制品的有效性，并且 Al_{13} 的生成需要有 $Al(OH)_4^-$ 作为前驱物，认为是在聚合铝的制备过程中碱的加入点生成的。再加入的强碱与酸性铝酸液的界面上将有局部较高 pH 值出现，有可能产生 $Al(OH)_4^-$，并随后生成聚十三铝。因此，在聚合硅酸铝铁溶液的制备中，对于 Fe、Al 的加入顺序进行了严格的控制，从而起到了更好的絮凝效果。

此外，制备过程中 pH 值的调节对于絮凝效果将产生显著的影响。因为 pH 值过低不利于铝十三前驱物的生成，从而降低了絮凝能力。而 pH 值过高，则在制备过程中便容易产生浑浊，出现自絮凝现象。因此，pH 值的调节是制备聚合硅酸铝铁溶液的关键之一。

产品应用 本品主要应用于污水处理。

产品特性 本品工艺简单，反应条件要求低，而且制得的产品具有高效、稳定且使用寿命长的优点，适合于工业化生产。

配方 47
聚合硫酸铝铁絮凝剂

原料配比

原料	配比（质量份）		
	1#	2#	3#
钛白粉工业副产品 t 水硫酸亚铁	70	70	70

续表

原料	配比（质量份）		
	1#	2#	3#
水①	10（体积份）	10（体积份）	10（体积份）
98%的浓 H_2SO_4	4.3（体积份）	4.3（体积份）	4.3（体积份）
氯酸钠	4.5	4.5	4.5
硫酸铝	7.63	8.39	9.32
水②	10（体积份）	10（体积份）	10（体积份）
98%的 H_3PO_4（稳定剂）	2.68	3.35	4.02
Na_2CO_3	适量	适量	适量

制备方法

（1）将钛白粉工业副产品七水硫酸亚铁置于烧杯中，边加入水①边搅拌成均匀的稀糊状硫酸亚铁混合液；然后在搅拌下缓慢加入 98%的浓 H_2SO_4 进行酸化，调节混合液的 pH 值在 0.6～1.0。

（2）在步骤（1）制成的液体中，边搅拌边加入氯酸钠进行氧化。同时，慢速搅拌，当形成均匀的液体，不出现任何气泡时即可。

（3）按 Al/Fe 摩尔比为（1∶11）～（1∶9）称取的硫酸铝，加入水②中溶解，待溶解以后加入到步骤（2）中的硫酸亚铁混合液中。同时，慢速搅拌均匀。

（4）将硫酸亚铁混合液放入水浴锅中，控制水浴温度为 60～80℃；启动搅拌器，慢速搅拌约 40min；聚合反应过程中，按 P/Fe 摩尔比为 0.1～0.3 的比例加入 H_3PO_4 作为稳定剂。

（5）搅拌约 30min，待液体均匀后，加入少量 Na_2CO_3 调整碱化度至 0.3。

（6）待搅拌完成以后，取出产品静置 24h 即得产品。

产品应用
本品主要应用于给水处理和污废水处理。

产品特性

（1）本品制备方法采用氯酸钠氧化工艺，氯酸钠在酸性溶液中具有强氧化作用，可作为氧化剂，将七水硫酸亚铁氧化成硫酸铁，使得二价铁离子被氧化成三价铁离子。同时，相比于传统工艺中的双氧水，氯酸钠成本更为低廉，来源更为广泛。

（2）本品制备方法采用的原料为钛白粉工业副产品七水硫酸铁，原料来源广泛，生产成本低；工艺流程简单，易操作，易控制；在生产过程中无废液、废气、废渣产生，属于清洁生产。

（3）制备的聚合硫酸铝铁为深棕色透明液体产品，易溶于水，具有矾花形成速度快，浊度、COD、去除率高，脱色率高的特点。

（4）本品在常温下化学性质稳定，久储不变质，且投加方便。

配方 48
聚合硫酸铁铝絮凝剂

原料配比

原料	配比（质量份）			
	1#	2#	3#	4#
七水硫酸亚铁	72.7	72.42	68.55	72.42
浓硫酸	9.73	9.69	10.32	9.69
工业硫酸铝	7.93	9.22	8.72	9.22
浓硝酸	7.41	6.45	6.11	6.45
磷酸	2.23	2.22	6.3	2.22

制备方法

（1）将工业副产物七水硫酸亚铁置于容器中，边加入水边搅拌成均匀的稀糊状硫酸亚铁混合液。

（2）加入密度为 $1.84g/cm^3$ 的浓硫酸进行酸化。

（3）在酸化后的混合液中加入工业硫酸铝，搅拌均匀，加少量水稀释。

（4）将容器放入水浴锅中边搅拌边加入氧化剂，在 $60\sim100℃$ 条件下加热 $30\sim60min$，同时慢速搅拌。

（5）在合成过程中加入稳定剂，提高分子量，促进增聚作用。

（6）静置熟化 12h 以上可获得棕色的液体。

原料介绍

氧化剂选用浓硝酸，也可选用双氧水、氯酸钠等。稳定剂可选用磷酸，也可选用磷酸二氢钠、磷酸氢二钠等。

产品应用

本品主要应用于给水处理和污水处理。

产品特性

（1）本品所用原料为钛白粉工业副产品七水硫酸铁，原料来源广泛，生产成本低。产品中的铝元素来源于原料工业硫酸铝（Al_2O_3 含量为 $13\%\sim18\%$），进一步降低了产品的成本。

（2）制备过程不需要加压，工艺流程简单，易操作，易控制。

（3）本配方制备的聚合硫酸铝铁为液体产品，常温下化学性质稳定，不易变质，且使用方便。

（4）本配方制备的聚合硫酸铝铁，具有矾花形成速度快，浊度、COD、去除率高，脱色率高的特点。

配方 49
聚合铝-聚环氧氯丙烷胺无机有机复合絮凝剂

原料配比

原料		配比（质量份）
聚合氯化铝	AlCl₃·6H₂O 固体	69～71
	水	58～62（体积份）
	Na₂CO₃ 粉末	18～22
聚环氧氯丙烷胺	33％的二甲胺溶液	89～91
	环氧氯丙烷	73～75

原料配比表中化学式应为 $AlCl_3 \cdot 6H_2O$ 固体、水、Na_2CO_3 粉末。

制备方法

（1）取 $AlCl_3 \cdot 6H_2O$ 固体于烧杯中，加入水，加热至 $40 \sim 60 ℃$，使其完全溶解，然后在搅拌的条件下，用 $40 \sim 60min$ 的时间，将 Na_2CO_3 粉末均匀地加入上述溶液中，达到预定的碱化度（$B = 1.4 \sim 1.6$）。制备出的聚合氯化铝中，Al_2O_3 质量分数为 $10\% \sim 11\%$。

（2）取质量分数为 33％的二甲胺溶液，置于 150mL 三口圆底烧瓶中，将烧瓶放在冰水浴中冷却，使二甲胺降温到 10℃以下，将环氧氯丙烷加入分液漏斗，打开回流冷凝器的冷却水，在搅拌的条件下，用 $1 \sim 2h$ 的时间滴加到二甲胺溶液中，使反应器内的温度控制在 $10 \sim 20 ℃$，滴加完毕后，再搅拌 30min，使反应器内的温度再次降到 10℃以下，然后加入交联剂，其质量分数为 2.5％，最后恒温控制在 $60 \sim 75 ℃$，反应 5h 后停止，制备出黏度为 $2800 \sim 3200mPa \cdot s$，固含量为 $60\% \sim 65\%$ 的聚环氧氯丙烷胺。

（3）分别以质量比为 $(19:1) \sim (9:1)$ 的比例取上述方法制备出的聚合氯化铝和聚环氧氯丙烷胺，在 $30 \sim 50 ℃$ 条件下反应 $50 \sim 70min$，制备出聚合铝-聚环氧氯丙烷胺无机有机复合絮凝剂成品。

产品应用
本品主要应用于纺织印染废水处理。

产品特性
本品分子量高、产品稳定性好、对胶体物质的吸附架桥能力强、絮凝效果好、适用范围广、产生的污泥量少，具有生产工艺简捷、经济、适用等特点。

配方 50
聚合有机硫酸铝絮凝剂

原料配比

原料	配比（质量份）	
	1#	2#
工业纯硫酸铝	125	100
铝酸钠	25	20
阴离子改性淀粉	适量	适量
无水碳酸钠	1	1

制备方法

先将工业纯硫酸铝配成 40%～50% 的水溶液，铝酸钠配成 50%～65% 的水溶液，无水碳酸钠配成 10%～14% 的水溶液，而将阴离子改性淀粉配成 0.1%～0.2% 的水溶液；再将配制成的铝酸钠水溶液、碳酸钠水溶液、阴离子改性淀粉水溶液进行混合成为混合液，在混合时，通过控制调整反应体系中所投入的阴离子改性淀粉溶液的体积，使其混合液中的阴离子改性淀粉和铝元素间的最终质量比在 0.0001～0.01 之间；然后，在大于或等于 1000r/min 的快速搅拌下，将铝酸钠、碳酸钠和阴离子改性淀粉的混合液缓慢地滴加到硫酸铝的水溶液中，再继续搅拌 30～60min；最后在水浴中升温到 40～65℃，恒温熟化 30～120min，冷至室温并储存待用。

产品应用

本品主要应用于饮用水、工业用水和废水的处理。

产品特性

（1）制备过程无环境污染。

（2）本品具有效率高、经济、处理水中残铝量低的优点，适用于饮用水、工业用水和废水处理中的混凝环节。

（3）本品性质较稳定，絮凝效果良好。

配方 51
聚纳米二氧化硅硼酸锌铁絮凝剂

原料配比

原料	配比（质量份）			
	1#	2#	3#	4#
六水合硫酸铁氨	7	8	9	10
水	80（体积份）	85（体积份）	90（体积份）	100（体积份）

续表

原料	配比（质量份）			
	1#	2#	3#	4#
过氧化锌	2	3	4	5
0.2mol/L 的 HCl 溶液	10（体积份）	12（体积份）	13（体积份）	15（体积份）
0.5mol/L H_2SO_4	15（体积份）	16（体积份）	18（体积份）	20（体积份）
四硼酸钠	6	6.5	7	8
20% 的 H_2O_2 溶液	20（体积份）	22（体积份）	24（体积份）	25（体积份）
纳米 SiO_2	1	1.5	2	2

制备方法

（1）称取六水合硫酸铁铵，加入水溶解，置于 250mL 三颈烧瓶中，加入过氧化锌、0.2mol/L 的 HCl 溶液，搅拌，升温至 50～55℃。

（2）加入 0.5mol/L H_2SO_4，继续搅拌，升温至 60～65℃，加入四硼酸钠，搅拌，反应 1～2h 后，停止加热。

（3）待温度冷却到 30～32℃，加入 20% 的 H_2O_2 溶液，搅拌，反应 30～40min，加入 0.1mol/L 的 NaOH 溶液调节 pH＝8.0～10.0，静置。

（4）将制备得到的上述溶液置于 250mL 圆底烧瓶中，投加纳米 SiO_2，在磁力搅拌器下搅拌 4～5h，温度控制在 60～65℃，直至液体呈黏稠，反应停止。

（5）将所得到的溶液置于真空干燥箱中，温度控制在 105～110℃，连续干燥 20～24h，获得产品。

产品应用　本品主要应用于水处理。

产品特性

（1）抗盐性好。

（2）本品尤其适用于低温低浊及含 N、P 量高的水体，N、P 的去除率均可达 95% 以上。

配方 52
聚铁硅型复合无机高分子絮凝剂

原料配比

原料		配比（质量份）		
		1#	2#	3#
聚合氯化铁溶液	含铁 160g/L 的三氯化铁	30（体积份）	150（体积份）	150（体积份）
	低聚态硅酸稳定剂	10（体积份）	50（体积份）	50（体积份）
	水	400（体积份）	—	100（体积份）
	84g/L 的碳酸氢钠	60（体积份）	300（体积份）	200（体积份）

续表

原料		配比（质量份）		
		1#	2#	3#
聚合硅酸溶液	工业水玻璃	60	300	140
	16%的盐酸	10（体积份）	50（体积份）	25（体积份）
	水	450（体积份）	250（体积份）	370（体积份）

制备方法 取含铁 160g/L 的三氯化铁，加入低聚态硅酸稳定剂（低聚态硅酸稳定剂以 90mL 水、10mL 16%的盐酸与 100mL 含硅 10.8g/L 的硅酸钠混合而成，其 pH 值在 1.8 左右），而后加入水与 84g/L 的碳酸氢钠，即得聚合氯化铁溶液。聚合硅酸溶液的制备：取用工业水玻璃，以 16%的盐酸与水活化 1～2h，将聚合氯化铁溶液与聚合硅酸溶液混合搅拌反应，熟化 1～4h 即得。

原料介绍 原料可以应用盐酸或硫酸酸洗废液进行氧化制备，稳定剂与聚合硅酸制备时也可以使用硫酸生产。

针对不同水质状况，可以适当调节聚合度与硅铁比。

产品应用 本品主要应用于市政、工业、民用用水与废水处理。

产品特性

（1）本品为铁-硅系絮凝剂，与铅系絮凝剂相比不存在毒性问题。

（2）本品为液体产品、保存期长、使用方便，与传统铁盐混凝剂相比大大降低了腐蚀性。

（3）本品原料易得、效能显著，根据水质特点可以方便地调节配方组成，应用范围广。

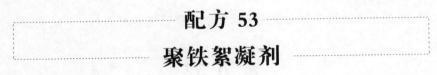

配方 53

聚铁絮凝剂

原料配比

原料	配比（质量份）					
	1#	2#	3#	4#	5#	6#
硫酸亚铁	15	15	15	15	15	15
硫酸	1.2（体积份）	1.2（体积份）	1.2（体积份）	1.2（体积份）	1.2（体积份）	1.2（体积份）
水	32（体积份）	32（体积份）	32（体积份）	32（体积份）	32（体积份）	32（体积份）
双氧水（30%）	3（体积份）	3（体积份）	3（体积份）	3（体积份）	3（体积份）	3（体积份）
1mol/L 的碳酸氢钠溶液	32.1（体积份）	32.1（体积份）	32.1（体积份）	32.1（体积份）	32.1（体积份）	32.1（体积份）

原料	配比（质量份）					
	1#	2#	3#	4#	5#	6#
0.5mol/L 的乙酸钠溶液	—	3.5（体积份）	10.5（体积份）	14（体积份）	—	—
5mol/L 的聚乙二醇	—	—	—	—	7（体积份）	17.5（体积份）

制备方法

（1）控制温度为 20～35℃，将一定量的亚铁盐或铁盐与无机酸和水在搅拌条件下混合，使亚铁盐或铁盐完全溶解。

（2）向步骤（1）制备得到的溶液中加入一定量氧化剂并充分搅拌，使溶液中的二价铁离子完全氧化为三价铁离子。

（3）向步骤（2）制备得到的溶液中加入一定量无机碱和阻聚剂，使溶液中的三价铁离子水解聚合，然后恒温熟化一定时间即制备得到聚铁絮凝剂。

原料介绍

所述的亚铁盐为硫酸亚铁、氯化亚铁或硝酸亚铁，所述的铁盐为硫酸铁、氯化铁或硝酸铁。

所述的无机酸为硫酸或盐酸，无机酸添加量为亚铁盐或铁盐加入量的 0.35～0.45 倍（以摩尔计）。

所述的氧化剂为过氧化氢、硝酸、次氯酸钠、臭氧或空气中的一种，氧化剂的加入量为使二价铁完全氧化需氧量的 1～1.2 倍（以摩尔计）。

所述的无机碱为碳酸氢钠或氢氧化钠，加入的无机碱控制得到的聚铁絮凝剂的碱化度为 0.3～0.6。

所述的阻聚剂为乙酸钠或聚乙二醇中的一种。

所述的阻聚剂的平均分子量为 200～20000。

所述的阻聚剂的加入量为亚铁盐或铁盐的 0.1～0.5 倍（以摩尔计）。

所述的恒温熟化的温度为 50℃，熟化时间为 10～24h。

产品应用

本品主要应用于水处理。

产品特性

（1）本品可显著提高聚铁絮凝剂的稳定性，粘接架桥能力增强，入水后矾花形成快且大，混凝效果提高，且不对出水水质产生显著影响。因此，本品可有效应用于水处理工程中，具有操作简单、无二次污染的优点。

（2）本品不涉及催化剂的使用，在提高聚铁絮凝剂性能的基础上可以降低成本。

（3）本品生产过程中可根据需要适当调整各原料的用量及种类，且整个反应过程对环境无污染。

配方 54
绿色环保型絮凝剂

原料配比

原料	配比（质量份）				
	1#	2#	3#	4#	5#
水玻璃	1	5	0.5	2	1.5
水	50（体积份）	50（体积份）	50（体积份）	50（体积份）	50（体积份）
淀粉	2	7.5	0.5	3	3
CMC	1	5	0.75	2	3
过硫酸钾	0.003	—	0.0065	0.025	0.045
过硫酸钾和亚硫酸钠（质量比为1:1）	—	0.125	—	—	—

制备方法

（1）配制水玻璃溶液，调 pH 值至 3～7，备用。

（2）在上述水玻璃溶液中加入淀粉和羧甲基纤维素钠（CMC），搅拌溶解均匀，再加入交联剂，于 60～90℃反应 2～5h，即得。

所述的水玻璃加水配制成水玻璃溶液，所述的水玻璃溶液的质量浓度为 1%～10%。

原料介绍

所述的水玻璃采用模数为 3.3 的水玻璃。

所述的淀粉和羧甲基纤维素钠均采用工业级产品，产品纯度大于 97%（质量分数）。

所述的交联剂为过硫化物，如分析纯的过硫酸钾、过硫酸钾-亚硫酸氢钠等。

产品应用

本品主要应用于废弃钻井液治理。

产品特性

（1）本絮凝剂具有原料来源广、成本低、用量少、绿色环保、无毒、絮凝效果好、吸附能力强、形成絮体大、沉降速度快、易于分离、易生物降解等优点。

（2）本品用量比市售的无机、有机絮凝剂少，如聚合氯化铝、聚丙烯酰胺等，通常用量为 0.1%～1%。

（3）固液分离效率高，与废弃钻井液混合后 30s 内形成大絮状泥团，沉降速度快，废弃钻井液由黑褐色变得澄清透明。

配方 55
纳米无机絮凝剂

原料配比

原料	配比（质量份）		
	1#	2#	3#
硫酸铝	3.4	4.4	2.4
水①	4	4	4
阳离子型聚丙烯酰胺	—	9.2	—
阴离子型聚丙烯酰胺	—	—	5.2
非离子型聚丙烯酰胺	7.2	—	—
水②	5	4	4
氨水	适量	适量	适量

制备方法

（1）将硫酸铝溶于水①中，充分溶解，配制成30%～70%的硫酸铝溶液。

（2）将聚合物溶于水②中，充分搅拌均匀，配制成聚合物溶液。

（3）将步骤（1）硫酸铝溶液缓慢滴入步骤（2）聚合物溶液中，得混合溶液。

（4）向步骤（3）混合溶液中缓慢滴入氨水溶液，使混合溶液的pH值为7，再反应8～10h，得纳米核膜结构聚合物-无机絮凝剂。

将所得的纳米核膜结构聚合物-无机絮凝剂以与水的质量配比为1∶（80～120）加水，保持温度75～85℃，并搅拌3～4h，得溶液型纳米核膜结构聚合物-无机絮凝剂。

原料介绍　所述聚合物可以是聚丙烯酰胺、聚氧乙烯、聚环氧丙烷、环氧乙烷/环氧丙烷的嵌段共聚物、聚环氧乙烷其中之一，或其共聚物。优选聚丙烯酰胺和环氧乙烷/环氧丙烷的嵌段共聚物。

所述聚丙烯酰胺可以是阳离子型聚丙烯酰胺、阴离子型聚丙烯酰胺、两性离子聚丙烯酰胺、非离子型聚丙烯酰胺其中之一，或其任意比例的混合物。

产品应用　本品特别适用于油田、煤泥废水处理。

本品实际使用时，以溶液状态按常规加药方式加至被处理的废水中。

产品特性　本品将纳米无机氧化物与聚合物形成核膜结构的纳米级絮凝剂，由于纳米级粉体颗粒的比表面积大，表面能量高，从而使原絮凝剂改性，大大地提高了絮凝剂的活性，使其在水处理中作用明显，表现在：（1）絮凝速度快，10min内可达到完全沉淀；（2）用药量小，最大用量为1t废水加入有效成分 0.01kg，可节约药剂费用 40%；（3）絮凝效果好，沉淀完全，处理废水的排放指标稳定，运行可靠。

配方 56
去除低温低浊度含磷废水絮凝剂

原料配比

原料	配比（质量份）		
	1#	2#	3#
铝盐酸	50（体积份）	53（体积份）	55（体积份）
水	175（体积份）	177（体积份）	180（体积份）
Fe_3O_4 粉	3	4	5
$Al_2(SO_4)_3$	20	21	22
$MgCl_2$	8	9	10
MnO_2	2	2.5	3
Al_2O_3 含量为 52% 的铝酸钙粉	50	51	52
十八烷基三甲基溴化铵	3	4	5

制备方法

（1）取 250mL 三颈圆底烧瓶一个，中间瓶口装上搅拌机，左侧瓶口插入温度计，向右侧瓶口中加入 50～55mL 铝盐酸，再加入 175～180mL 水，塞紧瓶塞，在电炉中加热并搅拌。

（2）当加热温度升高到 65℃ 时加入 3～5g Fe_3O_4 粉、20～22g $Al_2(SO_4)_3$、8～10g $MgCl_2$、2～3g MnO_2，继续搅拌加热。

（3）当加热温度升高到 85℃ 时，加入 50～52g Al_2O_3 含量为 52% 的铝酸钙粉，迅速反应，温度上升，在温度 115℃ 下搅拌反应 2.5h。

（4）保持 115℃ 温度，加入 3～5g 十八烷基三甲基溴化胺，继续搅拌 20min 后，停止搅拌，熟化即可。

产品应用 本品主要应用于水处理。

使用方法：把制得的絮凝剂用蒸馏水稀释 10 倍后，取 0.5～0.7mL 稀释液加入到 100mL 澄清、透明的天然水体（或二沉池出水）中，迅速搅拌，可见有矾花形成，絮体逐渐变大，沉淀后，测得上清液中磷含量在 0.2mg/L 以下。

产品特性 本品对低温、低浊度水絮凝效果好，矾花形成时间短、絮体大、结实。

配方 57
三元复合型絮凝剂

原料配比

表1：凝胶状氢氧化铝

原料	配比（质量份）				
	1#	2#	3#	4#	5#
结晶氢氧化铝	13	19	15	15	16
盐酸	85	80	95	88	80
水	100	90	98	100	100

表2：有机高分子阳离子絮凝剂与蒙脱土杂化体系

原料	配比（质量份）				
	1#	2#	3#	4#	5#
液体阳离子聚丙烯酰胺溶液	105	—	60	—	95
聚二甲基二烯丙基氯化铵有机絮凝剂	—	95	40	85	—
酸化的蒙脱土	8	13	5	6	10

表3：三元复合型絮凝剂

原料	配比（质量份）				
	1#	2#	3#	4#	5#
凝胶状氢氧化铝	185	145	125	165	160
盐酸	80	75	90	85	90
铝酸钙粉	25	35	40	30	36
硫酸亚铁	10	8	13	13	12
有机高分子阳离子絮凝剂与蒙脱土杂化体系	2	1	3	4	2.5

制备方法

（1）制备凝胶状氢氧化铝：在结晶氢氧化铝中加入盐酸和水，在 80～120℃、0.15～0.3MPa 的条件下溶解，反应聚合 10～15h，冷却、沉淀得到凝胶状氢氧化铝。

（2）制备有机高分子阳离子絮凝剂与蒙脱土杂化体系：向有机高分子阳离子絮凝剂中加入酸化的蒙脱土，70～100℃下搅拌复合 8～13h，形成有机高分子阳离子絮凝剂与蒙脱土杂化体系。

(3) 制备三元复合型絮凝剂：在反应釜中加入凝胶状氢氧化铝、盐酸、铝酸钙粉、硫酸亚铁，在 80～120℃、0.17～0.32MPa 的条件下加入有机高分子阳离子絮凝剂与蒙脱土杂化体系进行二次聚合反应 10～12h，然后在 60～80℃下熟化干燥。

原料介绍 所述有机高分子阳离子絮凝剂是指市售聚二甲基二烯丙基氯化铵和阳离子型聚丙烯酰胺产品。

产品应用 本品主要应用于工业废水混凝处理与城镇污水厂的污泥脱水絮凝处理，以及饮用水与生产用水的净化处理。

三元复合型絮凝剂的应用，是按照常规方法，经现有的加药系统，即通过计量泵、混合器加入待处理的饮用水、生产用水或工业废水中；用于饮用水净化处理时，饮用水与三元复合型絮凝剂的投药比例是 100t 饮用水：(0.9～1)kg 三元复合型絮凝剂；用于工业废水混凝处理时，工业废水与三元复合型絮凝剂的投药比例是 100t 工业废水：(18～20)kg 三元复合型絮凝剂；城镇污水厂用于污泥脱水絮凝处理时，投药比例是 100t 污泥：(8.5～10)kg 三元复合型絮凝剂。

产品特性 本品利用聚合氯化铝和聚合硫酸铁的强吸附能力、无机黏土的强吸附能力、强的成核能力和强的沉降能力以及有机阳离子聚丙烯酰胺絮凝剂的高度架桥能力，提高了复合絮凝剂的絮凝效果、沉降速度。

本品有效成分高，易溶于水，有强的架桥、吸附、卷扫、成核、沉降性能。在水解过程中伴随电化学凝聚、吸附和沉淀等物理和化学变化。本品反应速率快、沉淀快、活性好、过滤性好，适宜投加范围宽广，不易发生混凝恶化现象，适宜的 pH 范围广，低温低浊度时混凝效果变化小。在处理生活污水的污泥时，具有沉降速度快、用量少、脱水率高及泥饼含水率低的特点，泥饼含水率低（由原来的 95％以上下降到 80％左右），污泥体积仅为原来体积的 1/10 左右。

配方 58
生态型高效复合絮凝剂

原料配比

原料	配比（质量份）		
	1#	2#	3#
羧甲基纤维素钠	1	4	1
水①	25（体积份）	100（体积份）	25（体积份）
聚合氯化铝	5	2	10
水②	100（体积份）	40（体积份）	100（体积份）

制备方法

（1）羧甲基纤维素钠溶液的制备：将羧甲基纤维素钠与水①混合，在35～60℃温度下充分搅拌，制得透明黏状羧甲基纤维素钠溶液。

（2）聚合铝盐溶液的制备：将无机铝盐与水②混合制得聚合铝盐溶液。

（3）复合絮凝剂的制备：在高速搅拌加热状态下，将羧甲基纤维素钠溶液和聚合铝盐溶液混合，在温度为35～95℃条件下搅拌，搅拌速度为100～600r/min，搅拌时间为5～60min，然后在温度为40～80℃条件下，进行复合反应1～12h，制得淡黄色乳状复合絮凝剂。

产品应用　本品主要应用于工业废水和生活污水处理以及饮用水净化。

产品特性

（1）絮凝效果好。其原因是在絮凝初期通过羧甲基纤维素链上结合的铝盐所带的正电荷通过压缩双电层过程絮凝废水中的污染物，随后复合物中富含多羟基的纤维素高分子链发挥网捕和架桥特性，使水体中微小颗粒和污染物聚集形成大絮凝体，又因为复合物的分子量高，絮凝体沉降速度比现有同类产品快。

（2）适用范围广。本品适用于多种工业废水和生活废水，甚至给水工业的饮用水源，并可通过调整配方比例，进一步扩大使用范围。

（3）生态安全性好。本品是由普通建筑工业用的羧甲基纤维素钠和铝盐制得的高分子絮凝剂，羧甲基纤维素中特有的多羟基与无机铝盐复合，改变了铝离子的结合形式，使活性铝的浓度大大降低，铝盐离子催化水体中微小有机污染物产生自由基的概率大大降低，最大限度地降低甚至消除了铝盐毒性。

（4）无二次污染。采用羧甲基纤维素钠为原料，絮凝剂残留物很容易被环境中的微生物降解，不存在二次污染问题。

（5）制备方法简单。该方法对设备要求不高，反应条件温和，制作过程简单，根据处理对象和污水性质的不同，适当调整配方比例，达到最好的处理效果，易于实现产业化。

配方 59
疏松型聚合氯化铝铁絮凝剂

原料配比

原料	配比（质量份）						
	1#	2#	3#	4#	5#	6#	7#
聚合氯化铝溶液	122	122	366	13.1	122	122	122
三氯化铁溶液	38	38	27.5	293	35.6	35.6	35.6
碳酸钾溶液	37	—	—	—	—	—	—
碳酸钾和氯化钠的混合溶液	—	33.64	—	—	—	—	—

原料	配比（质量份）						
	1#	2#	3#	4#	5#	6#	7#
氯化钾溶液	—	—	12	23	—	—	—
氯化钠溶液	—	—	—	—	26.6	—	—
硝酸钾溶液	—	—	—	—	—	27.7	—
氯化铵溶液	—	—	—	—	—	—	26.4

制备方法

（1）在室温和150r/min转速搅拌下，将质量分数为5%～10%的聚合氯化铝溶液、质量分数为5%～40%的三氯化铁溶液和质量分数为5%～20%的疏松剂溶液混合，混合液中铁元素和铝元素的质量比为（60:1）～（1:20），疏松剂用量是铁、铝元素总质量的5%～100%。

（2）将上述混合液搅拌20～30min，然后在40～100℃温度、150r/min转速搅拌下继续反应4h，即可得到疏松型聚合氯化铝铁絮凝剂。

原料介绍

所述疏松剂为 $NaCl$、KCl、NH_4Cl、K_2SO_4、K_2CO_3 或 KNO_3 中的一种，或为两种以上任意比例的混合物。

产品应用

本品主要应用于水处理。

产品特性

本品既有聚合氯化铝优良的絮凝性能和强大的电荷中和作用，又有氯化铁的吸附性强、沉降速度快、形成絮凝体大等特点，且出水色度比氯化铁好，克服了PAC在低温低浊时的净水难点，除浊效果和絮体沉降性能优于聚铝，与传统的净水剂相比，具有混凝效果好、作用快、用量少和应用范围广等特点。本品制备过程中所用到的疏松剂为无机盐类，对人体无害，符合国家标准，生产过程中基本无废渣和废料的排放，减少了环境污染。

配方 60

双酸铝铁絮凝剂

原料配比

原料	配比（质量份）
铝酸钙粉	20
盐酸	80
工业级硫酸亚铁	2
0.5mol/L的氢氧化钠溶液	40（体积份）
双氧水	2.5

制备方法

（1）首先将市售工业级铝酸钙进行破碎，并且用60目筛子筛分，得到粒径小于60目，铝含量大于或等于50％的筛下物——铝酸钙粉。

（2）其次，配制20％的盐酸溶液。取铝酸钙粉和盐酸溶液混合搅拌，在98℃下反应1～1.5h，静置30min后取上清液，得到主要成分为$AlCl_3$的液体。

（3）然后，取工业级硫酸亚铁并将硫酸亚铁加入$AlCl_3$的液体中，在80～90℃下快速搅拌，15min后逐滴加浓度为0.5mol/L的氢氧化钠溶液，至盐基度为30％～40％时，停止滴加氢氧化钠。

（4）最后，取双氧水，并将双氧水滴加在步骤（3）得到的溶液中，继续搅拌15～20min后停止，在50～60℃下熟化12h后，得到双酸铝铁絮凝剂液体产品，外观颜色为红棕色。将双酸铝铁絮凝剂液体产品干燥后，即得双酸铝铁絮凝剂固体产品。

产品应用

本品主要应用于废水的处理，对市政污水、工业废水、微污染水的处理均有较好的效果。

产品特性

（1）由于本品原材料主要采用了铝酸钙，铝酸钙是一种储量丰富的矿物，因此本品的价格低廉，且本工艺较为容易推广，易于工业化生产。

（2）本品具有铝盐和铁盐的优点，且通过控制铝铁的配比可降低水中溶解性铝和铁的含量，从而减少金属离子残留造成的危害，以及解决由色度引起的水质问题。

（3）由于本品制备絮凝剂时引入硫酸根，得到的双酸铝铁絮凝剂兼有铝盐和铁盐的优点，提高了产品混凝效果，且克服了铝盐和铁盐的缺点，对水质和环境具有较强的适应性。

配方 61
屠宰废水絮凝剂

原料配比

原料	配比（质量份）		
	1#	2#	3#
木质磺酸盐-丙烯酰胺共聚物	20	12	16
聚磷氯化物	6	2	4
聚硅酸盐	15	10	12
聚合硫酸氯化铁	5	3	4

制备方法

室温条件下，将各组分充分混合，搅拌30～150min后静置过夜，即得本品絮凝剂。

原料介绍 所述聚硅酸盐为聚硅酸铝或聚硅酸铁。

所述聚磷氯化物为聚磷氯化铝或聚磷氯化铁。

木质磺酸盐-丙烯酰胺共聚物是有机高分子絮凝剂，该絮凝剂大分子中可以带—COO—、—NH—、—SO₃、—OH等亲水基团，具有链状、环状等多种结构。因其活性基团多，分子量高，具有用量少、浮渣产量少、絮凝能力强、絮体容易分离、除油及除悬浮物效果好等特点。木质磺酸盐-丙烯酰胺共聚物絮凝剂以其分子量高、絮凝架桥能力强而显示出在水处理中的优越性。

聚合硅酸盐具有离子度高，易溶于水（在整个pH范围内完全溶于水，且不受低水温的影响）、不成凝胶、水解稳定性好、适用水质范围广且不受低水温的影响等特点，非常适合与其他絮凝剂复合使用。

聚合硫酸氯化铁是一种无机高分子铁系絮凝剂，具有絮体形成速度快、颗粒密度大、用量少、COD及BOD去除率高、适用pH范围广的优点。

产品应用 本品主要应用于水处理。

产品特性 本品能够有效地去除油脂及SS，并且能够去除色度、COD及氨氮。

配方 62
稳定聚硅酸锌絮凝剂

原料配比

原料	配比（质量份）				
	1#	2#	3#	4#	5#
硅酸钠	5.8	11.6	5.8	11.6	5.8
水	120(体积份)	110(体积份)	120(体积份)	110(体积份)	120(体积份)
3mol/L的硫酸	2~3(体积份)	5~6(体积份)	2~3(体积份)	7(体积份)	2~3(体积份)
$ZnSO_4 \cdot 7H_2O$	11.6	23	11.6	6.52	11.6
稳定剂铝盐	4.4	1.4	1.4	9.2	4.4

制备方法 在250mL烧杯中加入硅酸钠，加入水，搅拌溶解，预留10mL硅酸钠溶液。将余下的110mL溶液在搅拌条件下加入3mol/L的硫酸，调节pH值为2~3，将溶液陈化1h。将预留的硅酸钠溶液逐滴加入到混合溶液中，调节pH值为4~5。称取$ZnSO_4 \cdot 7H_2O$直接加入溶液中，搅拌至全部溶解，继续搅拌0.5h，加入稳定剂铝盐4.4g搅拌至溶解，加入的硫酸将调节pH值为2~3，得到稳定聚硅酸锌絮凝剂。

产品应用 本品主要应用于水处理。

产品特性 本品絮凝效果优于单金属絮凝剂，水溶液中残留少，合成方法简单，原料廉价易得，合成成本低，具有良好的应用前景。

配方 63
污水净化絮凝剂

原料配比

原料	配比（质量份）			
	1#	2#	3#	4#
盐酸	1	1	1	1
水	1	1.8	1.7	2
铝灰	0.4	—	—	—
铝土矿粉	—	1.7	—	—
铝矾土	—	—	2.2	—
铝渣红泥	—	—	—	2.8
助凝剂	0.02	0.03	0.4	0.05

制备方法

按照配方先将盐酸、水和铝灰混合加入反应釜，在压力 0.3～0.5MPa、温度 80～120℃条件下进行搅拌混合反应，调 pH 值为弱酸性后再降温至 30～40℃，然后进入真空过滤机进行液渣分离，再将去渣后的液体加入配料器中，再将助凝剂加入配料器中进行混合、反应，所得液体即为本品液体净化絮凝剂，再放入干燥机中，在小于 100℃条件下脱去含水，即得到固体的本品污水净化絮凝剂。

产品应用

本品广泛用于造纸、印染、制革、橡胶、炼油、化肥、食品加工业等污水治理。

产品特性

本品处理过的污水无色透明，达到国家排放标准，90％的水可以回收利用，使用水、用电大户变为节水、节电大户，是开拓二次水源的有效措施，而且工艺简单、投资少、见效快。

配方 64
污水磷回收复合絮凝剂

原料配比

原料	配比（质量份）			
	1#	2#	3#	4#
硅酸钠	94.67	47.33	47.33	94.67
水	800（体积份）	400（体积份）	400（体积份）	800（体积份）

续表

原料	配比（质量份）			
	1#	2#	3#	4#
盐酸	0.25mol/L	0.2mol/L	0.25mol/L	0.2mol/L
氯化铁	27.08	—	13.54	—
氯化镁	15.83	—	—	—
硫酸铁	—	19	—	38
硫酸镁	—	5	—	—
氯化钙	—	—	9.25	9.25

制备方法 取硅酸钠溶于水中，配成 SiO_2 浓度为 1.2% 的溶液，用盐酸调节溶液的 pH 值到 2～3，在 25℃ 聚合一定时间后，向溶液中加入镁盐或钙盐与铁盐的混合溶液，使其中钙镁离子与铁离子摩尔比介于（1:3）～（1:1）之间，在 20℃ 下放置熟化 2h 即可得到复合絮凝剂产品。该絮凝剂产品为液体，其中钙镁离子及铁离子浓度之和与 SiO_2 浓度摩尔比为 1.0。

产品应用 本品主要应用于污水处理。

本品的污水磷回收复合絮凝剂的磷回收工艺如下：以酸或碱调节废水 pH 值到 6～9 之间（碱可选择氢氧化钠、氢氧化钙或氧化钙，酸可选择盐酸、硫酸或乙酸），按投加量 0.2%～0.5%（体积分数）投加复合型聚合硅酸铁絮凝剂，先快速搅拌 0.5～2min，然后慢速搅拌 5～10min，静置沉淀 10min。过滤获得絮体沉淀，沉淀在 103～105℃ 下干燥 24h，研碎，即可用作缓释性磷肥。

产品特性 本品适用于污水处理厂浓缩池和消化池厌氧上清液、畜禽养殖废水等富磷污水。在实现水中悬浮物良好去除的同时，实现磷的回收。絮凝剂产品合成工艺简单、价格便宜、原料易得、稳定性好；絮体紧密、沉降迅速；除磷效率高，对色度去除率高；对原水水质适应性强，投加量和适用 pH 范围宽，对出水 pH 值影响小。

配方 65
污水絮凝剂

原料配比

原料	配比（质量份）
31.45% 的工业纯盐酸	1
水	1.3
铝灰	0.8～0.9
聚丙烯酰胺助凝剂	0.026

制备方法　首先将盐酸和水进行混匀后，再在反应温度小于1000℃和pH值在2～6的条件下，边搅拌边加入铝灰（渣）或铝土矿使之反应，待反应温度稳定后，进行沉淀分离，将分离出的上清液加入聚丙烯酰胺助凝剂搅匀，即得所需的污水絮凝剂产品。

产品应用　本品主要应用于造纸、印染、城市生活用水，以及制革、面粉加工、橡胶、炼油、化肥、化工和炼钢等工业污水净化。

产品特性

（1）本产品使用范围广、用量少。

（2）本品在净化污水时，不但能脱掉水的颜色、絮凝水中污物和吸附水中重金属，而且经净化后的污水色度为无色透明，并能循环使用。

配方 66
污水用絮凝剂

原料配比

原料	配比（质量份）		
	1#	2#	3#
丙烯酰胺-氯化二甲基二烯丙基铵共聚物	10	12	15
十八水硫酸铝	20	25	30
聚合氯化铝	5	10	15
水	80	90	100

制备方法　将丙烯酰胺-氯化二甲基二烯丙基铵、十八水硫酸铝、聚合氯化铝溶解于水中，并进行搅拌2h后即得成品。

产品应用　本品主要应用于污水处理。

产品特性

（1）本品絮凝剂所使用的丙烯酰胺-氯化二甲基二烯丙基铵共聚物通过吸附架桥作用网捕水中悬浮物，达到从水中将其除去的目的。

（2）本品所使用的聚合氯化铝和十八水硫酸铝，是基于氢氧根离子的架桥作用和多价阴离子的聚合作用而生产的分子量较大、电荷较高的无机高分子水处理药剂。

（3）本品为一种混合物，能有效快速地将污水中的悬浮物絮凝，并能聚成团状物，不易分散，便于分离。同时，对管道设备腐蚀性低于其他同类絮凝剂。

配方 67

污水处理絮凝剂

原料配比

原料		配比（质量份）		
		1#	2#	3#
A	海水	99	—	—
	海水制盐后卤水	—	99.4	50
	地下卤水	—	—	48.9
B	聚硫酸铁	0.5	—	0.7
	聚氯化铝	—	0.5	—
C	20nm 二氧化硅	—	0.05	—
	20nm 蒙脱石	0.5	—	—
	50nm 高岭土	—	0.05	—
	7nm 滑石粉	—	—	0.4

制备方法
将上述各组分混合搅拌均匀即可。

产品应用
本品适用于污水的处理。

产品特性

（1）海水、地下卤水、海水制盐后的卤水中有纳米尺寸的碳酸钙、碳酸镁等颗粒及海水中的微量元素，本品能改变被处理污水电位，絮凝速度快，絮凝效果好，而且为微生物提供了营养盐，有利于生物污泥中微生物的生长。

（2）采用本品处理污水费用低。

（3）2～100nm 的二氧化硅、蒙脱石、高岭土、滑石粉还能增加对污水中有害物质的吸附容量，使产品具有更好的絮凝效果。

配方 68

污水处理用复合絮凝剂

原料配比

原 料		配比（质量份）
A	硫酸铝	150
	硫酸亚铁	50
	水	750
B	氧化钙	100
	高锰酸钾	0.01
	水	500

原 料		配比（质量份）
C	聚丙烯酰胺	2
	水	1000

制备方法

（1）将硫酸铝粉碎后，放入溶解罐中，加入水进行搅拌，使其充分溶解；再将硫酸亚铁粉碎后，放入溶解罐中，搅拌，使其充分溶解；然后将以上两种溶液放入化合罐中，搅拌，使其充分混合，可制得 A 剂。

（2）将氧化钙经粉碎后放入溶解罐中，加水，搅拌，使其充分溶解成石灰乳，经 40 目筛过滤，制得氧化钙溶液；再将高锰酸钾加水，溶解成高锰酸钾溶液；然后将以上两种溶液充分混合，可制得 B 剂。

（3）向聚丙烯酰胺中加水，放入溶解罐中，经充分搅拌、溶解，可制得 C 剂。

产品应用

本品可广泛用于各种工业废水和城市生活污水的处理。

使用时，根据污水的酸碱度，先加 A 剂和 B 剂调节污水的 pH 值，再加 C 剂助凝，具体应用如下：处理酸性污水时，先用 B 剂将污水的 pH 值调节至 8～10，再用 A 剂将污水的 pH 值调节至 6～7，最后加入 C 剂助凝；处理碱性污水时，先用 A 剂将污水的 pH 值调节至 3～5，再用 B 剂将污水的 pH 值调节至 6～7，最后加入 C 剂助凝；处理中性污水时，先用 A 剂将污水的 pH 值调节至 3～5，再用 B 剂将污水的 pH 值调节至 6～7，最后加入 C 剂助凝，静置 20～30min 即可。

产品特性

本品原材料来源广泛，价格低廉，工艺流程简单，经济效益好；性能优良，处理污水速度快，有很强的絮凝和助凝作用，能使污水中的胶体粒子失去稳定性，形成大的团絮快速下沉，从而澄清水质；应用广泛，可任意调节污水的 pH 值，使用方便；经处理后的污水排放指标稳定，并能回用于工农业生产，有利于节约资源、保护环境。

配方 69
无机高分子絮凝剂

原料配比

原料		配比（质量份）		
		1#	2#	3#
十八水硫酸铝		860	860	860
盐酸		62	70	80
氮化合物助剂	尿素	1	—	—
	碳铵或硝铵	—	2	—
	硫铵	—	—	3.5
硫酸		85	90	97

> **制备方法** 将十八水硫酸铝热溶后，加入盐酸，再加入氮化合物助剂，最后加入硫酸，加热蒸发浓缩、常温固化，粉碎得絮凝剂产品；或在生产硫酸铝的过程中，当硫酸铝处于液态时，按前述顺序及计量标准（以产品为固体计算），分次加入盐酸、助剂、硫酸，然后经蒸发浓缩、常温固化，粉碎得絮凝剂产品。

> **产品应用** 本品适用于城镇综合废水净化处理。

> **产品特性** 本品为无机高分子类絮凝剂，相较于无机类絮凝剂，如三氯化铁、聚合氯化铝、聚合硫酸铁等，无论在制作工艺、产品性能和生产成本等方面，都有很大不同，显现出巨大的进步和优越性。用它可对城镇综合废水进行处理，是三氯化铁和聚合氯化铝的最佳替代品。本品生产成本比三氯化铁低70%以上，比聚合氯化铝低60%以上，而治污效果却高于三氯化铁和聚合氯化铝，经济效益和社会效益显著。

配方 70
无机高分子膏状絮凝剂

> **原料配比**

表1：絮凝剂

原料		配比（质量份）										
		1#	2#	3#	4#	5#	6#	7#	8#	9#	10#	11#
A组分		50	20	70	30	70	20	30	70	20	50	20
B组分	聚合氯化铝	20	60	10	10	10	60	10	10	60	—	—
	聚合硫酸铝	—	—	—	—	—	—	—	—	—	20	60
C组分	20%的硅酸钠盐酸溶液	30	20	—	—	—	20	—	—	—	—	—
	30%的硅酸钠盐酸溶液	—	—	20	—	—	—	—	20	—	—	—
	10%的硅酸钠盐酸溶液	—	—	—	60	20	—	60	—	20	—	—
	20%的硅酸钠硫酸溶液	—	—	—	—	—	—	—	—	—	30	20

表2：A组分

原料	配比（质量份）										
	1#	2#	3#	4#	5#	6#	7#	8#	9#	10#	11#
氯化镁	1	1	1	1	1	1	1	1	1		
氯化铁	2	1	3	1	1	1	3	3	1		
聚合氯化铝	2	1	3	3	3	1	3	1	3		
20%的盐酸溶液	11	—	—	—	—	—	—	—	—		
10%的盐酸溶液	—	7	—	—	—	7	—	11	11		
30%的盐酸溶液	—	—	15	11	11	—	15	—	—		

续表

原料	配比（质量份）										
	1#	2#	3#	4#	5#	6#	7#	8#	9#	10#	11#
硫酸镁	—	—	—	—	—	—	—	—	—	1	1
硫酸铁	—	—	—	—	—	—	—	—	—	2	1
聚合硫酸铝	—	—	—	—	—	—	—	—	—	2	1
20%的硫酸溶液	—	—	—	—	—	—	—	—	—	11	—
10%的硫酸溶液	—	—	—	—	—	—	—	—	—	—	7

制备方法　将液态的 A 组分加入到反应釜中，加入 C 组分，用加热器加热至 30～110℃（优选 40～100℃，最佳为 70℃），用搅拌器搅拌至成为均匀溶液，然后加入 B 组分，再用搅拌器搅拌，使其混合均匀，停止搅拌，逐渐冷却成软膏状，检验合格后包装即为成品。

产品应用　本品可用于油田污水、工业废水的处理，也可以用于饮用水中砷和氟的去除处理。

产品特性　本品原料配比科学，工艺简单，成本较低，易于推广应用，具有絮凝速度快、絮体密实、沉淀分离效率高、使用范围广等优点。

配方 71
无机复合型聚硅酸氯化铝铁絮凝剂

原料配比

原料	配比（质量份）
40%的硫酸溶液	56
二氧化硅浓度为 3%的硅酸钠溶液	795
无机铝盐	96
无机铁盐	53

制备方法

（1）聚硅酸活化：将质量分数为 40%的无机酸滴加到硅酸钠溶液中，控制硅酸钠溶液的 pH 值为 7～9，滴加过程中不断进行搅拌，然后静置熟化，时间 2～6h，得聚硅酸。

（2）合成：将无机铝盐、无机铁盐的加入量与硅酸钠溶液的关系使用摩尔比表示，铁、铝比为 1∶2，铁和铝与硅酸钠的摩尔比为（1＋2）∶2，直接加入到已经制备好的聚硅酸中，加入过程中不断搅拌，直至全部溶解，静置熟化10～15h后得聚硅酸氯化铝铁絮凝剂。

◀ **原料介绍** ▶ 本品合成时，无机铝盐、无机铁盐的加入顺序为：先加入无机铝盐，等到铝盐全部溶解后，再加入铁盐，制备过程中要不断搅拌。

合成过程中温度为 30～60℃。

所述无机酸为硫酸或盐酸。

◀ **产品应用** ▶ 本品主要应用于水处理领域。

加药方法：1L 处理水量加药量为 0.5g 本品。

◀ **产品特性** ▶ 本品具有电中和及吸附架桥作用，絮凝效果好，易于制备。聚硅酸是由水玻璃活化过程制成，实质上属于一种阴离子型无机高分子絮凝剂。聚硅酸铝铁絮凝剂是把铝盐和铁盐引入到聚硅酸中而制成，在应用做法上可以预先羟基化聚合后再混合，也可先混合再聚合。

这类絮凝剂可以把聚硅酸和聚铝和聚铁的优点结合起来，充分发挥三者的长处，其絮凝脱稳性能远超过单独的聚硅酸或聚金属离子。同聚硅酸相比，不但提高了稳定性，而且增加了电中和能力。同金属离子相比，则增强了粘接架桥效能。

聚硅酸氯化铝铁絮凝剂形成的絮体大，有较好的脱色作用，形成的絮体较密实，沉降速度快，能充分发挥铝、铁絮凝剂的优点。

配方 72
无机-改性壳聚糖复合型高分子絮凝剂

◀ **原料配比** ▶

原料	配比(质量份)
改性壳聚糖	1～2
聚丙烯酰胺	1～2
聚合氯化铝	0.2～0.5
聚合氯化铁	0.2～0.5
引发剂	0.01～0.02
调节剂	0.02～0.05
水	100

◀ **制备方法** ▶ 在 50～60℃条件下，向反应器中依次添加改性壳聚糖、聚丙烯酰胺、引发剂和水，滴加调节剂调节 pH 值至 5，发生接枝共聚反应 2～3h，在搅拌条件下，向体系中加入聚合氯化铝和聚合氯化铁，充分混合，得到无机-改性壳聚糖复合型高分子絮凝剂。

◀ **原料介绍** ▶

所述壳聚糖为化学改性脱乙酰基壳多糖，其 pH 值为 3～5（水中浓度为

1%），脱乙酰度＞85％。

所述聚丙烯酰胺，可以为阳离子型聚丙烯酰胺、阴离子型聚丙烯酰胺以及两性型聚丙烯酰胺，平均分子量为200万～1000万；

所述调节剂为1%稀盐酸。

所述引发剂为硝酸铈铵2份、过硫酸铵1份、亚硫酸氢钠1份配制而成。

针对不同的使用环境，可选用不同的改性聚丙烯酰胺与壳聚糖改性，并配合不同浓度的无机高分子絮凝剂。由于改性后壳聚糖分子链上具有大量的羟基和伯氨基，所以改性壳聚糖可以通过正负电荷吸引形成聚电解质。并且，经过改性后的壳聚糖共聚物具有分子量分布广、活性基团多、结构多样等特点。壳聚糖具有来源丰富、价格低廉的特点。最重要的是，两种主要的原料均来自于大自然，安全无毒，并可以完全生物降解，具有优良的环境友好性。

产品应用　本品主要应用于印染废水及色度高、含有活性基团有机废水处理中。

使用方法：本品的加入量占整个处理体系的0.2％～0.5％。

产品特性　本品符合高效、无毒、环保、适用性强等要求，适合复杂的工业废水脱色和沉降。本品具有优良的环境友好性，大部分可被生物降解，造成的二次污染少，提高了无机絮凝剂的使用效率。

配方 73
无机高分子型絮凝剂

原料配比

原料	配比（质量份）			
	1＃	2＃	3＃	4＃
水溶性淀粉	10	15	20	30
丙烯酸单体	10	15	20	30
腐植酸钠	30	45	40	50
尿素	10	20	20	30
聚乙烯醇	5	10	10	15
过硫酸铵	2	5	5	8
亚硫酸氢钠	2	4	5	8
水	2	5	5	5
碳酸钠	2	6	5	8

制备方法

（1）将上述配方量的水溶性淀粉、丙烯酸单体、腐植酸钠、尿素、聚乙烯醇混合，倒入带搅拌装置的电加热炉内，边搅拌边加热，温度达到130～160℃后停止加热。

(2) 将上述配方量的过硫酸铵和亚硫酸氢钠溶于水中，得到水溶液。

(3) 分数次将步骤（2）得到的水溶液加入到步骤（1）的混合液中，搅拌均匀。

(4) 继续向步骤（1）的混合液中加入碳酸钠并搅拌 3～5min，混合液经 10～20min 的反应、膨胀形成发泡体。

(5) 将发泡体取出，冷却，并粉碎至 100 目以下，得到无机高分子絮凝剂。

所述步骤（1）中加热时的升温速度为 2～6℃/min，温度达到 130～160℃ 后停止加热。

所述步骤（1）、步骤（3）和步骤（4）中的搅拌速度为 100～200r/min。

原料介绍 水溶性淀粉可为水溶性红薯淀粉，可为水溶性变性淀粉，也可以为其他类型的水溶性淀粉。

产品应用 本品主要应用于水处理。

产品特性

(1) 本品采用天然水溶性淀粉代替一部分制备聚丙烯酰胺的原料丙烯酸单体，成本低、对环境无害。本品溶于水后形成三维结构的物质，吸附微小絮体后，其不饱和基团相互结合，絮体的密实度更高，不易被再次破碎，沉淀速度快，只需 10min 左右即可使污染物分离，对颗粒物的去除率可达到 90%，有效降低后续处理工艺设备的运行负荷。

(2) 本品采用固相生产方式，不需要干燥成本，可节约能源。

配方 74
无机絮凝剂

原料配比

原料	配比（质量份）	
	1#	2#
铝酸钠	40	50
碳素钠	30	40
硫酸铝钠	10	20
碳酸钠	30	40

制备方法 将各组分混合均匀即可。

产品应用 本品主要应用于水处理。

产品特性 本品的絮凝剂配方合理、制备方法简单、成本低廉、使用时操作方便，具有安全、环保、无毒、使用效果好的优点。

配方 75
无机-有机复合型絮凝剂

原料配比

原料	配比(质量份)		
	1#	2#	3#
水	100	100	100
聚合氯化铝铁	1	1	1
聚乙烯吡咯烷酮	0.02	0.05	0.08
壳聚糖	0.02	0.04	0.06
红黏土	0.05	0.1	0.15

制备方法

在 $35\sim65$℃温度以及 $250\sim280r/min$ 转速搅拌状态下，往水中加入聚合氯化铝铁，搅拌 $3\sim4min$；加入聚乙烯吡咯烷酮，搅拌 $4\sim5min$；继续加入壳聚糖，搅拌 $10\sim15min$；最后加入红黏土，搅拌 $5\sim8min$ 后得到无机-有机复合型絮凝剂。

原料介绍

利用本配方制备无机-有机复合型絮凝剂时，各成分的添加顺序十分重要，在水中首先加入聚合氯化铝铁，然后加入聚乙烯吡咯烷酮，再加壳聚糖，最后添加红黏土，如果顺序改变的话，对产品效果将产生显著影响。

通过以上方法制备的无机-有机复合型絮凝剂采用聚合氯化铝铁溶液直接溶解壳聚糖，避免了常规酸溶造成的水体酸度变化（导致复合絮凝剂性能降低，甚至失效），同时也可避免水体的二次酸污染。絮凝体系中的壳聚糖大分子，由于含有大量—NH_2，能够吸附废水溶液中的质子，使壳聚糖大分子链末端带正电荷，与废水中的带负电胶体粒子发生吸附架桥作用，在无机高分子聚合氯化铝铁和有机高分子聚乙烯吡咯烷酮的协同下，同时发挥无机絮凝剂的电中和作用、有机高分子絮凝剂的吸附架桥作用和沉淀网捕作用，能够迅速提高复合絮凝剂的絮凝能力，因此在达到相同处理效果时，无机-有机复合型絮凝剂的投料量约为单独使用聚合氯化铝铁的一半。在此基础上复合红黏土，利用红黏土粒子在溶液中带负电荷的特性，可加强絮凝过程中的吸附电中和作用，同时红黏土粒子可作为絮体生长的生长核，使生成的絮体更加密实，质量增加，大大缩短絮体下沉时间，极大提高絮凝剂处理效率，对于具有特殊理化性质的天然橡胶乳胶加工废水的处理，具有独特的效果。

产品应用

本品主要应用于处理天然橡胶乳胶加工废水。

产品特性

（1）本品所需的制备原料简单易得、绿色环保。

（2）本品的制备方法操作简便，条件温和，原料价格低廉，易于实现工业化生产。

（3）本品对天然橡胶乳胶加工废水的处理效果非常好，浊度去除率达到95％以上，COD去除率达到70％以上（最高可达到90％～92％）。

配方 76
吸附助凝式聚硅酸盐絮凝剂

原料配比

原料	配比（质量份）											
	1#	2#	3#	4#	5#	6#	7#	8#	9#	10#	11#	12#
硅酸钠	4	6	8	6	6	6	6	6	6	6	6	6
水	55	60	65	60	60	60	60	60	60	60	60	60
98％的浓硫酸或37％的浓盐酸	18	21	24	21	21	21	21	21	21	21	21	21
硫酸铝	12	15	18	—	—	—	—	—	—	5	—	—
硫酸铁	—	—	—	15	—	—	—	—	—	6	6	—
硫酸亚铁	—	—	—	—	15	—	—	—	—	4	9	3
氯化铝	—	—	—	—	—	15	—	—	—	—	—	4
氯化铁	—	—	—	—	—	—	15	—	—	—	—	3
聚合氯化铝	—	—	—	—	—	—	—	15	—	—	—	5
聚合硫酸铁盐	—	—	—	—	—	—	—	—	15	—	—	—
活性炭颗粒	0.6	1	1.5	1	1	1	1	1	1	1	1	1

制备方法

首先将硅酸钠加入到水中制成硅酸钠溶液；其次在搅拌的条件下将所述硅酸钠溶液加入到质量分数为98％的浓硫酸或质量分数为37％的浓盐酸中，得到pH值为3.5～6.5的聚合硅酸溶液；然后向所述聚合硅酸溶液中一并加入无机盐和活性炭；最后经搅拌、静置熟化后即得到吸附助凝式聚硅酸盐絮凝剂。

原料介绍

所述无机盐为硫酸铝、硫酸铁、硫酸亚铁、氯化铝、氯化铁、聚合氯化铝、聚合硫酸铁盐的一种，或两者或多者的任意比例混合物。

所述活性炭颗粒的直径为$5\mu m$～3mm。

该絮凝剂呈液态，当药剂投加到水中时可以迅速和水中的污染物质融合，并以个体活性炭为核心，在活性炭的强大吸附能力下，迅速形成大小相近的矾花。同时，活性炭具有极好的沉降性能，提高了矾花的沉降性能，从而提高了处理效率和出水水质。所述无机盐的含量与聚硅酸粒子的关系为SiO_3^{2-}：硅酸盐离子＝

（1∶1）～（1∶5）；活性炭的含量为 0.2%～1%；控制硅酸的 pH 值为 3.5～6.5。

▶ **产品应用** ◀　本品主要应用于水处理。

▶ **产品特性** ◀

（1）该絮凝剂溶解迅速，在反应器中可以与水快速混合，提高了反应的效率。

（2）在搅拌作用下，活性炭均匀分布在水中，可以形成以活性炭为核心的矾花，缩短了矾花的形成时间。

（3）活性炭具有很强的吸附能力，有利于促进矾花的生长增大，并且形成的矾花密实、不易破碎。

（4）矾花大小均一，有利于矾花的沉降，避免了常规絮凝剂小矾花不沉降或沉降时间长的缺点。

（5）因为活性炭的相对密度较大，所以可以带动矾花的沉降，缩短了反应时间，大大提高了反应效率。

（6）活性炭对原水中颜色的去除也有很好的效果，拓宽了该絮凝剂的应用领域。

（7）该絮凝剂适应范围广，尤其适宜于低温低浊水的处理。

配方 77
复合絮凝剂聚硅酸硫酸亚铁铝

▶ **原料配比** ◀

原料	配比（质量份）			
	1#	2#	3#	4#
水	3	5	4	5
硅溶胶	1	2	8	5
钛白废硫酸	5	6	4	1
硫酸铝	1.5	2	2	1.5
钛白副产硫酸亚铁晶体	5	7	5	5

▶ **制备方法** ◀　先在常温和搅拌下依次将水、硅化合物和硫酸投加到反应容器中，混合均匀；再加热升温至 30～50℃继续搅拌混合 30～50min；然后在搅拌下依次加入硫酸铝和硫酸亚铁，混合均匀，并维持 30～50℃温度匀速搅拌 2～3h；最后静置冷却至常温，获得 Fe^{3+} 含量≤0.005% 的聚硅酸硫酸亚铁铝复合絮凝剂产品。

▶ **原料介绍** ◀　所述的硅化合物为硅溶胶、硅酸钠、正硅酸乙酯，任选其中一种。

所述的硫酸为钛白废硫酸或者浓硫酸。

产品应用 本品主要应用于水处理。

产品特性 本品生产工艺清洁化程度高，不采用氧化剂，不产生副产品，对环境不产生污染；生产条件为常温、常压，大大简化了生产操作过程，设备投资少，生产成本低；很好地解决了钛白废副产物的处理问题，实现了资源化再利用。制得的聚硅酸硫酸亚铁铝复合絮凝剂产品，是由硅、铁、铝复合形成的高聚合度无机高分子，用于废水处理絮凝过程产生的矾花大，絮凝、脱色、除臭和COD 去除效果明显，而且本品稳定性好、应用范围广、适用 pH 值范围广，适于高、中、低浊度的原水、工业废水和污水的处理。本品使用方便，不需任何外加助剂，不改变原用品种的水处理工艺流程。

配方 78
无机-有机复合高分子脱色絮凝剂

原料配比

原料	配比（质量份）				
	1#	2#	3#	4#	5#
乙二胺	30	—	30	30	30
乙二烯三胺	—	25	—	—	—
甲酸	10	10	10	10	17
结晶氯化铝	50	50	50	55	50
七水硫酸铝	—	—	50	—	—
环氧氯丙烷	40	40	40	40	40
丙烯酰胺	—	—	—	—	17
二甲基二烯丙基氯化铵	—	—	—	—	17
双氰胺	15	15	18	25	—
聚合氯化铝	100	100	110	—	100
聚合硫酸铝	—	—	—	100	—

制备方法

（1）将甲酸与多胺投入反应釜中，升温至 30～50℃。

（2）加入无机金属盐，搅拌至无机金属盐完全溶解。

（3）继续加入环氧氯丙烷，加入胺或不饱和季铵盐中的至少一种，升温至 60～70℃，保温反应 30～60min。

（4）加入聚合无机金属盐，升温至 80～100℃，保温反应 45～90min。

（5）冷却，陈化，得到产品。

原料介绍　胺类化合物包括胺、多胺和不饱和季铵盐；无机金属盐为铝、铁、钙、镁的氯化物或硫酸盐及其聚合物中的至少一种。

产品应用　本品主要应用于工业废水及生活废水的处理。

产品特性

（1）本品制备中大量采用了无机金属盐等廉价的原料，同时反应步骤简单，反应条件温和，大大降低了脱色絮凝剂的生产成本。

（2）本品不含会造成水体二次污染的甲醛、甲醇等还原性物质以及尿素等营养物质，是一种环境友好型的脱色絮凝剂。

（3）本品性能稳定，并且容易根据实际需要控制产品的分子量。同时，本品由有机和无机絮凝剂复配而成，结合了无机和有机脱色絮凝剂的优点，在实际使用过程中，通过协同作用对活性染料、酸性染料等难处理的水溶性染料具有良好的脱色絮凝效果，并且投加量少，使用范围广泛。

（4）本品不仅能有效处理染料废水，对其他工业废水及生活废水也具有良好的处理效果。

配方 79
絮凝剂组合物

原料配比

表1：高铁酸盐

原料	配比（质量份）
过氧化钠	8
七水合硫酸亚铁	20

表2：聚合氯化铝钙

原料	配比（质量份）
硫酸铝	100
碳酸钙	100
浓盐酸	300（体积份）

表3：絮凝剂组合物

原料	配比（质量份）			
	1#	2#	3#	4#
高铁酸盐	50	50	50	50
聚合氯化铝钙	350	400	550	500
硫酸铝	100	100	50	50

续表

原料	配比（质量份）			
	1#	2#	3#	4#
硫酸铝钾	100	100	—	50
氢氧化钙	50	50	—	50
氧化钙	50	50	100	50
氯化铁	200	150	200	150
聚丙烯酰胺	100	100	50	100

制备方法

（1）将过氧化盐和水合硫酸亚铁在密闭、干燥的环境中混合，加热使过氧化盐和水合硫酸亚铁发生反应，得到含有高铁酸盐的混合物。

（2）将硫酸铝和碳酸钙加热反应，得到中间产物；将所述中间产物溶于浓盐酸中反应，蒸干后得到聚合氯化铝钙。

（3）将高铁酸盐、聚合氯化铝钙、含铝化合物和/或含钙化合物、氯化铁和聚丙烯酰胺按照技术人员熟知的方法混合均匀即可。

原料介绍

所述含铝化合物为硫酸铝和/或硫酸铝钾。

所述含钙化合物为氧化钙和/或氢氧化钙。

所述含铝化合物作为无机絮凝剂，能够提高所述絮凝剂组合物的絮凝效果。

所述含钙化合物能够提高所述絮凝剂组合物的絮凝效果。

所述氯化铁能够产生胶体沉淀，从而强化所述絮凝剂组合物的絮凝效果。

所述聚丙烯酰胺具有用量少、澄清水质能力强、絮凝速度快、不易受水的pH值影响、生成的污泥量少等优点，增加了所述絮凝剂组合物的絮凝效果。

所述过氧化盐优选为过氧化钠或过氧化钾。

所述水合硫酸亚铁优选为七水合硫酸亚铁。

本品提供的絮凝剂组合物中包括高铁酸盐，高铁酸盐能够明显促进聚合氯化铝钙的絮凝效果，减少聚合氯化铝钙的使用量，降低水处理成本。另外，高铁酸盐具有优于臭氧和氯气的氧化能力，可以灭菌、除藻，具有潜在的抑制水体藻类暴发的作用。在本品中，所述高铁酸盐优选为高铁酸钠或高铁酸钾，更优选为高铁酸钠。

本品提供的絮凝剂组合物主要以铁、铝、钙为主要成分，降低了絮凝剂中铝的含量，降低了铝在出水中的残留量。本品添加了少量聚丙烯酰胺，提高絮凝效果的同时，减少了聚丙烯酰胺在出水中的残留，减少了对水体生物链的毒害作用。

产品应用
本品主要应用于生活污水、工业污水、城市污水以及污泥的絮凝处理。

　　将本品用于 COD 为 300～400mg/L 的生活污水中时，用量为 0.6g/L 即可达到良好的处理效果，浊度去除率可达 93％以上，总磷去除率可达 90％以上，COD 的去除率可达 31％以上；将本品用于 COD 为 5000～6000mg/L 的屠宰废水中时，用量为 1.0g/L 即可达到良好的处理效果，浊度去除率可达 96％以上，总磷去除率达 87％，COD 的去除率可达 36％，效果优于目前常用的聚合氯化铝（PAC）。

产品特性　本品兼有无机絮凝剂和有机絮凝剂的优点，用于废水处理时耗药量少、絮凝效果好、絮凝速度快。

配方 80
利用废酸制备絮凝剂

原料配比

原料	配比(质量份)		
	1#	2#	3#
粉煤灰	45	51	60
VCM(氯乙烯)混酸	11.5	12	18
水	43.5	37	22

制备方法

　　(1) 粉碎粉煤灰：取粉煤灰将其在粉碎机中粉碎，粉粒可通过 20 目筛即可。

　　(2) 混合配料：按照各组分配比，称取粉煤灰、硫酸（质量分数为 80％～93％）和盐酸（质量分数为 0.5％～2％）的混酸、水，进行混合搅拌，此时混料的 pH 值为 4～7。

　　(3) 进行化学反应：在常温常压下，粉煤灰中的氧化铝、氧化铁与硫酸和盐酸的混酸充分反应，反应生成硫酸铝、硫酸铁及少量的氯化铁和氯化铝，反应时间为 2～4h。

　　(4) 待反应完成后，干燥，粉碎。

原料介绍　上述 VCM（氯乙烯）混酸为生产聚氯乙烯过程中用浓硫酸干燥乙炔、氯化氢气体后得到的废酸。

产品应用　本品主要应用于生活污水和工业废水的处理。

产品特性

　　(1) 本品处理生活污水，形成絮体大，絮凝效率高，沉降速度快，过滤性好，可有效去除固体悬浮物、污泥、细菌及金属离子等。

　　(2) 由于本品的主要原料为煤矸石发电产生的粉煤灰及 VCM 混酸，故该絮凝剂具有原料易得、成本低廉的优点。用煤矸石发电产生的粉煤灰及 VCM 混酸来生产该絮凝剂，既可降低生产成本，又可使废渣、废液变废为宝，改善环境，也为粉煤灰及 VCM 混酸的综合利用提供了一条新途径。

（3）本品生产工艺、生产设备简单，生产在常温常压下进行，属于节能减排工艺。整个生产过程中，无废气、废液、废渣产生，属于绿色循环经济产业。

配方 81
用赤泥和硫酸亚铁制备聚硅酸铝铁复合絮凝剂

原料配比

原料	配比（质量份）		
	1#	2#	3#
赤泥	1	1.5	2
硫酸亚铁	1	1.95	2.4
纯碱	0.5	1.2	1.4
工业盐酸	25	70	100

制备方法

（1）将赤泥、硫酸亚铁、碱按质量比 1∶（0.6～1.3）∶（0.4～0.9）充分混合，将混合物在 700～1000℃温度条件下焙烧 0.5～2.5h，冷却。

（2）步骤（1）冷却后的产物与体积比为 1∶1 的盐酸按质量比 1∶（4～25）在 40～95℃温度下酸浸 2～5h。

（3）将步骤（2）酸浸产物进行离心分离，滤液在室温下静置陈化 1～2h 后得到聚硅酸铝铁复合絮凝剂。

原料介绍 赤泥使用前先粉碎至 50～300 目的粒径。

硫酸亚铁是钛白粉的副产物。

产品应用 本品主要用于水处理。

产品特性

（1）本品综合了聚合硅酸和铝系、铁系絮凝剂的优点，在具有吸附架桥和电中和作用的同时，具有分子聚合度大、多组分协同发挥作用的特点。其稳定性和净水效果优良，可广泛应用于城市污水和工业废水等的混凝工艺中，并且处理后的水不存在残留铝和色度偏高的问题。

（2）本品利用工业固体废物赤泥和硫酸亚铁作为原料，生产成本低，产品附加值高，为赤泥和硫酸亚铁的综合利用提供了新的途径，因此具有良好的社会效益、经济效益和环境效益。

（3）本品用赤泥和硫酸亚铁生产聚硅酸铝铁复合絮凝剂的方法，工艺简单，流程短，生产成本低，投加量少，产品稳定性好，市场竞争力强。

（4）本品通过各种模式和实际废水处理的混凝试验，结果表明该产品絮凝效果好，絮体大而密实，絮体沉降时间短，与同类产品相比具有较好的降浊、脱色以及去除 COD 的效果，去除效果最佳。

配方 82
用粉煤灰和硫酸亚铁生产聚硅酸铝铁复合絮凝剂

原料配比

原料	配比（质量份）	
	1#	2#
粉煤灰	2.5	2.5
硫酸亚铁	2.5	2.5
工业纯碱	1.5	2
工业盐酸	70	80

制备方法

（1）初级产品的制备：将粉煤灰、硫酸亚铁、工业纯碱充分混合，再将混合物在 800～900℃温度条件下焙烧 0.5～2h，自然冷却后即为初级产品。

（2）初级产品的浸渍：将步骤（1）制得的初级产品与体积比为 1：1 的工业盐酸在 40～90℃温度条件下搅拌浸渍 2～4h，然后室温静置陈化 1～2h。

（3）产品的分离：将步骤（2）陈化后的浸渍产物进行离心过滤分离，滤液即为聚硅酸铝铁产品。滤渣为未反应的粉煤灰，作为原料返回步骤（1）中循环使用。

通过前述工艺步骤所得产品，固体溶出率达到 90％～95％，在 3 个月内未出现凝胶，产品性能比较稳定。

产品应用　本品主要应用于水处理。

产品特性　本品以燃煤电厂固体废弃物粉煤灰和生产钛白粉的副产物硫酸亚铁为主要原料，制备聚硅酸铝铁高效复合絮凝剂，解决了原料利用率低、产品稳定性差、活性硅酸盐容易形成凝胶导致产品失效的问题；简化了工艺过程，大大缩短了生产时间，投资少，操作费用低，产品稳定性好，性能优良；同时为粉煤灰和生产钛白粉的副产物硫酸亚铁的利用提供了新的途径，提高了资源综合利用率，也降低了聚硅酸铝铁的生产成本和污水处理成本。

配方 83
用于处理低温低浊水的絮凝剂

原料配比

原料	配比（质量份）		
	1#	2#	3#
硫酸铝	50	45	60
30%的硫酸	30	20	60
硅酸钠	1.5	0.5	2
偏铝酸钠	3.5	1.5	4
水	100	80	120

制备方法
其中先用占水量 40% 的水将硅酸钠溶解后使用。制备：向反应釜投加硫酸铝和剩余的水，以 90r/min 的转速搅拌，待硫酸铝完全溶解后，加入 30% 的硫酸，搅拌均匀，再加入硅酸钠溶液，继续搅拌加入偏铝酸钠，升温至 60～80℃，保温反应 2.5～3.2h 停止搅拌，降至室温即得产品。

产品应用
本品主要应用于水处理。

产品特性
本品具有较强的絮凝能力，有良好的水溶性，能在低温低浊情况下有效降低水中的浊度。本品用于处理低温低浊水的杂质去除率为 85% 以上。

配方 84
用于处理皮革废水的絮凝剂

原料配比

原料	配比（质量份）		
	1#	2#	3#
聚合硅酸铝铁	8	5	6
聚合硫酸氯化铁	10	15	13
聚丙烯酰胺	5	6	5
木质素	12	10	8

制备方法
将各组分混合均匀即可。

原料介绍 所述木质素为季铵型木质素，如以二甲基二烯丙基氯化铵改性的木质素。

所述季铵型木质素为环氧氯丙烷改性的季铵型木质素，如采用三乙胺和环氧氯丙烷改性的木质素等。

聚合硅酸铝铁具有离子度高，易溶于水（在整个 pH 范围内完全溶于水，且不受低水温的影响）、不成凝胶、水解稳定性好、适用水质范围广且不受低水温的影响等特点，非常适合与其他絮凝剂复合使用。

聚合硫酸氯化铁是一种无机高分子铁系絮凝剂，具有絮体形成速度快、颗粒密度大、用量少、COD 及 BOD 去除率高、适用 pH 范围广的优点。

木质素是天然高分子混合物，成分复杂、组成不稳定、性能波动大，通过化学改性改变木质素官能团的含量、引入新的官能团、改变大分子的空间构型等得到的高效、稳定的木质素絮凝剂，不仅具有良好的絮凝沉降及脱色性能，还能满足复杂水质情况下多种水质的要求。

产品应用 本品主要应用于水处理。

产品特性 本品用药量少，BOD、COD 去除率高，还能够有效去除 Cr^{2+}、硫化物、SS（悬浮固体）及色度。

配方 85
用于净化含乳化油废水的絮凝剂

原料配比

原料	配比（质量份）			
	1#	2#	3#	4#
硫酸铝	82.5	84	83	80.5
氯化锌	5	4	5	6
氯化镁	2	1.5	1.6	1.9
三氯化铁	10	10	10	11
碳酸氢钠	0.5	0.5	0.4	0.6

制备方法

（1）粉碎过筛：常温常压下，将硫酸铝及三氯化铁混合后粉碎，过筛（粒径≤200 目），将配方量的氯化锌、氯化镁及碳酸氢钠混合后粉碎，过筛（粒径≤200 目）。

（2）初步熟化：常压下将硫酸铝及三氯化铁的混合粉碎物熟化，熟化条件为 15～25℃时熟化 6～8h，26～35℃时熟化 4～6h。

（3）继续熟化：常压下，将氯化锌、氯化镁及碳酸氢钠的混合粉碎物加入到上一步得到的硫酸铝及三氯化铁熟化物中，保持上一步熟化温度不变，继续熟化3～4h，即可得到用于净化含乳化油废水的絮凝剂。

 产品应用 　本品主要应用于废水处理。

 产品特性

（1）本品制备方法的操作步骤主要为混合粉碎以及熟化，制备过程无环境污染。

（2）混凝效果好。将铝盐、铁盐投入被处理的水中，预先进行一定程度的混合熟化，可以进一步强化其絮凝特性，使其絮凝能力超过原金属盐类。本品不仅能压缩乳浊液滴的双电层降低ζ电位，而且通过吸附架桥、静电中和及网捕等作用使水中胶体表面电荷产生很强的中和能力，从而破坏了胶粒的稳定性，使胶体脱稳并使胶体微粒间相互碰撞而形成絮凝体。其能改变乳浊液滴表面结构膜，达到完全破乳的目的，从而得到良好的混凝效果。

（3）产品性能稳定、效率高。悬浮物去除率80%～95%，COD去除率60%～80%，乳化油去除率80%～96%。

配方 86
用于蓝藻沼液预处理的复合絮凝剂

 原料配比

原料	配比（质量份）				
	1#	2#	3#	4#	5#
30g/L的聚合氯化铝溶液	100	100	100	100	100
30g/L的溶于1%乙酸的壳聚糖溶液（CTS/PAC质量比为0.1）	10	—	—	—	—
30g/L的溶于1%乙酸的壳聚糖溶液（CTS/PAC质量比为0.25）	—	25	—	25	25
30g/L的溶于1%乙酸的壳聚糖溶液（CTS/PAC质量比为0.5）	—	—	50	—	—

 制备方法 　向反应釜中加入一定量的PAC溶液，加热反应釜，待温度达到60～70℃，在不断搅拌条件下，缓慢加入一定量溶于体积分数为1%乙酸的CTS溶液，反应0.5～1h后停止加热，自然冷却至室温，常温熟化24h后即得到PAC-CTS复合絮凝剂成品。该成品为带有黏性、易溶于水、流动性良好的无色透明液体。

 原料介绍 　本方法中CTS与PAC的质量比为（1:10）～（1:2）。

本方法中乙酸与 CTS 的质量比为 3.5:1。

PAC-CTS 复合絮凝剂的絮凝机理:蓝藻沼液中含有大量的胶体和悬浮物,通常带负电荷,而制备的 PAC-CTS 复合絮凝剂为阳离子型复合絮凝剂,将制备的 PAC-CTS 复合絮凝剂投入到蓝藻沼液中,复合絮凝剂通过吸附电中和、双电层压缩、吸附架桥和网捕等作用,中和蓝藻沼液中的部分电荷,减少了胶体粒子间排斥位能,同时借助 PAC 与 CTS 之间新的化学键位"中间桥梁"的作用,吸附蓝藻沼液中的胶体和悬浮物,使胶体和悬浮物形成的絮体下沉,絮体在自身沉降过程中,也集卷、网捕水中的其他颗粒,黏结形成共沉。在此过程中,蓝藻沼液中磷酸根与 Al^{3+} 形成难溶性的 $AlPO_4$ 和复合絮凝剂水解生成的各种羟基铝离子吸附磷酸根,从而使得蓝藻沼液中的磷通过沉淀作用得以去除。

产品应用　本品主要应用于废水处理。

产品特性　无机 PAC 絮凝剂引入天然有机高分子 CTS 絮凝剂制成无机-有机复合絮凝剂(PAC-CTS),兼具 PAC 和 CTS 两者的特性,克服了聚合氯化铝分子链短的不足,在颗粒之间架桥形成大的絮凝体,能通过卷扫去除微小颗粒,同时提高了中和颗粒物表面负电荷的能力,具有除浊除磷效率高、絮凝速度快、药剂投加量少和产生污泥量少等优点。

配方 87
造纸废水特效絮凝剂

原料配比

原料	配比(质量份)
水玻璃	10
水	10
液体硫酸铝	80
碳酸钠	适量

制备方法　在反应釜中加入水玻璃和水,搅拌均匀。快速加入液体硫酸铝,在 40~50℃下反应 0.5~1h,再小心加入固体碳酸钠。调节釜内溶液的 pH=3~3.5,继续反应 1~2h,室温熟化 24h 即得产品。

产品应用　本品主要应用于造纸废水处理。

产品特性

(1) 直接使用液体硫酸铝作为制备活性硅酸的活化剂,这是因为液体硫酸铝价格便宜而使得絮凝剂的制造成本下降,更重要的是,硫酸铝在使硅酸钠活化的同时,硫酸铝也在发生聚合,并且硅酸根也会参与硫酸铝的聚合而使聚合硫酸铝得到改性。

（2）使用固体碳酸钠作为硫酸铝聚合过程的碱化剂，因产生的氢氧化铝呈酸性，可溶解，不会引起铝的损失。

（3）利用活性硅酸与聚合硫酸铝的协同作用，使制备的絮凝剂产生优异的絮凝效果。

配方 88
造纸废水絮凝剂

原料配比

原料	配比（质量份）
铝酸钠	30
硫酸锌	0.1
硅酸铝	20
聚丙烯酰胺	5

制备方法 将各组分混合均匀即可。

产品应用 本品主要应用于造纸废水处理。

产品特性 本品配方合理，使用效果好，生产成本低。

配方 89
制革废水絮凝剂

原料配比

原料	配比（质量份）		
	1#	2#	3#
水	50	65	80
硫酸亚铁	10	15	20
硫酸铝	8	12	15
聚合氯化铁	5	8	10

制备方法 将水加入反应容器中，然后将硫酸亚铁、硫酸铝、聚合氯化铁投入反应容器中进行搅拌 1.5h 后即得成品。

产品应用 本品主要应用于水处理。

产品特性

（1）本品中所使用的硫酸亚铁具有与制革废水中悬浮物有机结合，并加速沉淀的作用，其脱色能力强，可去除金属离子、去油，对制革废水的脱色和去除COD具有明显的效果。

（2）本品中所使用的硫酸铝在水中使杂质凝结，更容易沉淀和过滤，起到促进凝结的作用。

（3）本品中所使用的聚合氯化铁具有絮体形成速度快、颗粒密度大、用量少、COD及BOD去除率高、适用pH范围广等优点。

（4）在制革废水絮凝处理过程中，使用本品具有的特点：设备简单，管理方便，适合于间歇操作，混凝沉降速度快，污泥体积小，处理废水费用低。

配方 90

制浆废水絮凝剂

原料配比

原料	配比（质量份）
氢氧化铝	137～155
32%的盐酸	365～390
水	420～470
80%的废硫酸	28～38

制备方法

（1）依次在搪瓷反应釜内加入氢氧化铝、32%的盐酸、水。启动搅拌器，然后再缓慢加入80%废硫酸，加完物料，将反应釜封闭，往反应釜夹套通入蒸汽加热，将温度升至145℃，控制釜内温度在145～150℃。聚合反应2～2.5h，生成低盐基度的聚合硫酸氯化铝。反应完后往夹套通入冷却水，降温至40℃。

（2）熟化分离：当温度降至40℃，即得半成品出釜，通过板框压滤机过滤，去除产品中杂质，熟化24h，即可得到合格的液体产品。

本品的技术要点在于：①加入少量的硫酸，引入硫酸根，提高了聚合氯化铝的聚合度；②硫酸的加入量不宜太多，否则影响产品的稳定性，容易发生水解；③产品的Al_2O_3含量控制在8%～9%，稳定性更好；④控制好酸的加入量，使产品盐基度在20%～30%间，处理生化后的制浆废水，具有更佳的效果，COD去除率可达70%以上，比传统聚合氯化铝药剂COD去除率高约10%，可节省20%～30%的药剂。

<u>**产品应用**</u> 本品主要应用于制浆废水处理。

<u>**产品特性**</u> 本品采用的原料容易得到，制备方法简单易行。本品用于处理生化后的制浆废水具有更佳的絮凝效果，并且综合利用烧碱厂的废酸，生产过程无废渣、废气、废水产生。

二、有机絮凝剂

配方 1
凹凸棒土改性制备纤维素阳离子絮凝剂

原料配比

原料	配比（质量份）				
	1#	2#	3#	4#	5#
水	100	100	100	100	100
凹凸棒土	10	—	—	—	—
钠基凹凸棒土	—	15	5	15	15
二甲基二烯丙基氯化铵	10	20	—	—	—
甲基丙烯酰氨基丙基二甲基让基氯化铵	—	—	2	—	—
甲基丙烯酰氧乙基三甲基氯化铵	—	—	—	20	—
环氧丙基三甲基氯化铵	—	—	—	—	20
丙烯酰胺	15	40	10	40	30
纤维素	10	—	—	—	—
微晶纤维素	—	30	20	—	—
细菌纤维素	—	—	—	30	—
羧基纤维素	—	—	—	—	25
硝酸铈铵	0.6	—	—	—	0.5
亚硫酸钠	—	0.3	0.2	0.3	—
季戊四醇	0.5	—	—	—	—
过硫酸铵	—	0.4	0.3	0.4	—

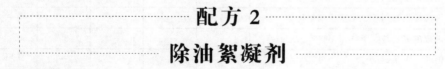

制备方法

（1）将凹凸棒土分散于水中，加入阳离子单体，得到阳离子改性凹凸棒土。

（2）在上述阳离子改性凹凸棒土溶液中加入丙烯酰胺、纤维素和引发剂进行化学反应，得到凹凸棒土改性纤维素阳离子絮凝剂。其中，反应温度为 30～60℃，搅拌速度≥200r/min，反应时间≤5h。

原料介绍

所述阳离子单体是丙烯酰氨基丙基苄基氯化铵、二甲基二烯丙基氯化铵、甲基丙烯酰氧乙基三甲基氯化铵、丙烯酰氧乙基三甲基氯化铵、甲基丙烯酰氨基丙基二甲基苄基氯化铵、烷基二甲基苄基氯化铵、环氧丙基三甲基氯化铵中的至少一种。

所述纤维素是细菌纤维素和植物纤维素中的至少一种。

所述引发剂是过硫酸铵、过硫酸钾和硝酸铈铵中的至少一种。

产品应用

本品主要应用于废水处理。

产品特性

（1）本品利用阳离子单体对凹凸棒土进行接枝改性，将阳离子改性的凹凸棒土用于合成可降解的纤维素基有机无机杂化絮凝剂，实现凹凸棒土-高分子材料分子级别的复合。

（2）以可再生的纤维素为原料合成絮凝效果优良的凹凸棒土改性纤维素阳离子絮凝剂，得到的絮凝剂在自然条件下能降解，绿色环保。

（3）凹凸棒土纳米粒子的引入，将改善传统的有机絮凝剂抗老化性能较差的缺点，使得到的凹凸棒土改性纤维素阳离子絮凝剂具有良好的耐老化性能。

（4）凹凸棒土改性纤维素阳离子絮凝剂可以以聚合原液形式储存，合成过程中不需干燥环节，无产生性污水，应用过程溶解速度快，无筛余物并可节约生产性用水，呈现清洁生产特征。

配方 2
除油絮凝剂

原料配比

原料	配比（质量份）								
	1#	2#	3#	4#	5#	6#	7#	8#	9#
碱木质素	10	8	15	11	5	20	9	5	2.5
二硫化碳	15	16	15	12	18.5	15	8	15	27.5
氢氧化钠	19.5	25	18	—	25	25	25	20	35
氢氧化钾	—	—	—	20	—	—	—	—	—
水	28	16	21	42	16.5	20	48	35	10

续表

原料		配比（质量份）								
		1#	2#	3#	4#	5#	6#	7#	8#	9#
醛类	甲醛	15	20	22	—	20	10	—	15	5
	多聚甲醛	—	—	—	7	—	—	—	—	—
	三聚甲醛	—	—	—	—	—	—	2	—	—
含氮化合物	脲	12.5	15	—	—	—	—	8	—	20
	乙二胺	—	—	9	—	—	—	—	—	—
	二乙烯三胺	—	—	—	8	—	—	—	—	—
	混合物 a	—	—	—	—	15	—	—	—	—
	混合物 b	—	—	—	—	—	10	—	—	—
	混合物 c	—	—	—	—	—	—	—	10	—

注：混合物 a 为脲和六亚甲基四胺混合物；混合物 b 为乙二胺和四乙烯五胺混合物；混合物 c 为脲、六亚甲基四胺和二亚乙基三胺混合物。

制备方法　先将木质素和水加入反应器中，搅拌均匀后，将反应体系的 pH 值调节至 9.5～11.5，加热升温至 65～95℃后加入醛类化合物，反应 10～30min 后加入含氮化合物，继续反应 2～5h 后降温至 0～25℃，然后缓慢加入碱液的同时滴加二硫化碳，反应 2～5h 后，升温至 50～75℃，继续反应 1～4h，降温出料，所制备的产品为黑褐色黏稠液体，或是将黑褐色黏稠液体。经过减压蒸馏、浓缩、过滤，并用丙酮结晶得到棕褐色粉末。

原料介绍

　　木质素为碱木质素，是竹子、蔗渣、稻草、麦草、芦苇、桉木、桦木、马尾松等原材料及其按一定配比组成的两种或两种以上的混合原材料的碱法或硫酸盐法制浆废液，通过沉淀、分离、提取获得碱木质素。

　　含氮化合物为脲、乙二胺、二乙烯三胺、四乙烯五胺、六亚甲基四胺、二亚乙基三胺中的一种或两种以上（含两种）的混合物。

　　碱液为氢氧化钠或氢氧化钾水溶液，而且碱液的质量分数为 20%～60%。

　　醛化合物为甲醛、三聚甲醛或多聚甲醛。

产品应用　本品特别适用于处理含油废水。

产品特性　（1）本品主要利用制浆工业中的副产物木质素为原料，使得产品成本低，并兼具除油和絮凝双重功能。

　　（2）本品采用全封闭的加料方式以及一次合成法制备，减少或消除生产过程中原材料对环境的污染，而且整个生产过程无废气、废水、废渣排放，因此制备工艺是一个清洁化、环境友好工艺。

　　（3）本品处理含油废水效果理想，而且药剂的投药量低。其使用效果：SS

降低 87％以上，最高可达 98％；COD_{Cr} 降低 65％以上，最高可达 76％；色度降低 80％以上，最高可达 91.1％。

（4）本品稳定性好，无毒，使用不受季节、区域限制，便于运输和存放。

（5）本品生产工艺简单，原料易得，生产周期短，反应温和，所需设备为常规设备。

配方 3
除油絮凝药剂

原料配比

原料	配比（质量份）	
	1#	2#
二甲基二烯丙基氯化铵单体	31.5	120.62
苯乙烯	2.1	1.6
表面活性剂十六烷基三甲基溴化铵	0.63	0.8
乳化剂 OP-10	0.8	0.8
水	23.77	6.11
助溶剂尿素	0.84	1.6
引发剂偶氮二异丁腈	0.034	0.08
V44	0.0042	0.008
过硫酸钾	0.014	0.08
亚硫酸氢钠	0.007	0.04
50％的丙烯酰胺单体	42	—

制备方法

（1）在 250mL 的四颈烧瓶中加入质量分数为 30％～60％的二甲基二烯丙基氯化铵单体（水溶液）、苯乙烯、表面活性剂、乳化剂、水（剩余 5g 水作为溶解引发剂用水）、助溶剂。

（2）300r/min 搅拌使尿素溶解、物料混匀。通氮气驱氧 30min，同时水浴升温至 40℃，关小氮气维持氮封，在高速搅拌下依次加入引发剂偶氮二异丁腈、V44（即偶氮二异丁咪唑啉盐酸盐）、过硫酸钾、亚硫酸氢钠。高速搅拌 10min 后，转速降为 60r/min，在此转速下反应 30min 后，开始流加 42g 质量分数为 50％的丙烯酰胺单体（已驱氧完毕），流速为 15mL/h，反应体系温度控制在 40～60℃。流加结束后，水浴升温至 60℃反应大约 3h，反应过程中，待爬杆（指转轴在聚合物熔体或溶液中快速旋转时，聚合物熔体或溶液抱轴上爬的现象）至半球状，搅拌困难时，适当补充水，一次不超过 10mL，总浓度不得低于

20％。升温至80℃保温3h，反应结束，按照出料浓度为20％补齐水，搅拌均匀降温出料。产品特性黏数为3.2dL/g。

产品应用　本品主要应用于含油废水处理。

产品特性　本品将苯乙烯和二甲基二烯丙基氯化铵、丙烯酰胺进行共聚合，其分子链上兼具有疏水基团和稳定的阳离子基团，有较强的电中和性能和吸附架桥性能，且对污水中的油类等疏水有机物有缔合作用，对疏水性有机物含量较高的水有较好的处理效果。该产品的明显优势是产品稳定性好、不易水解变质、絮凝速度快、除油效果好。该絮凝剂的溶液可以在pH值1～14的条件下长期稳定存在，产品在液态、室温条件下保质期至少为两年。

配方 4
淀粉基季铵盐型环保絮凝剂

原料配比

原料	配比（质量份）							
	1#	2#	3#	4#	5#	6#	7#	8#
淀粉	40	40	45	45	45	50	50	40
助引发剂	0.01	0.02	0.02	0.02	0.03	0.03	0.04	0.05
引发剂	0.05～1	0.05～1	0.05～1	0.05～1	0.05～1	0.05～1	0.05～1	0.05～1
丙烯酰胺	10	15	15	20	10	20	15	15
烷基烯丙基二甲基氯化铵	50	45	40	35	45	30	35	45

制备方法

（1）制浆工序：将40％～50％的淀粉和定量的水加入装有搅拌器和温度计的反应釜里，边搅拌边加热，加热至40～60℃，最后制成淀粉糊。

（2）单体配制工序：将丙烯酰胺、烷基烯丙基二甲基氯化铵，用定量的水充分溶解，备用。

（3）去氧工序：在搅拌状态下通入普通氮气，通普通氮气0.5h后改通高纯氮气0.5h。

（4）引发工序：采用两次引发，先加入助引发剂和一定量的复合引发剂，将配制好的丙烯酰胺、烷基烯丙基二甲基氯化铵通过加药装置缓慢加入，并采用两次加入方式，间隔时间为0.5～1h，之后将剩余复合引发剂全部加完。

（5）反应工序：聚合反应2～4h后，即得淀粉接枝丙烯酰胺、烷基烯丙基二甲基氯化铵共聚物。

原料介绍　所述的淀粉是工业用玉米淀粉。

所述的氮气是普通氮气和高纯氮气。

所述引发剂均为水溶性复合引发剂，可具体为过硫酸铵-乙酸-尿素、硝酸铈铵-硫酸亚铁-草酸、高锰酸钾-硫酸-硫酸亚铁、硫酸铈铵-硫酸亚铁-草酸、过氧化氢-硫酸-硫酸亚铁，其具体配比为（0.6～1）:（0.7～1）:（0.8～1）。

所用助引发剂为乙二胺四乙酸、氧化锌。

产品应用 本品主要应用于石油、城市污泥脱水、造纸、屠宰等行业。

产品特性 通过上述方法制得的淀粉接枝丙烯酰胺、烷基烯丙基二甲基氯化铵共聚物特性黏数为600～900mL/g，接枝率为70%～95%。该共聚物具有功能性高分子的特征，它不仅具有吸附、架桥、絮凝作用，还兼具抑菌抗藻作用。

配方 5
淀粉接枝丙烯酰胺絮凝剂

原料配比

原料	配比（质量份）		
	1#	2#	3#
液体石蜡	40	46	27
斯潘80	2.24	3.6	0.7
吐温80	0.16	0.1	0.05
OP-4	0.8	0.3	0.25
水	30（体积份）	29.2	27.6
淀粉	6.7	6.7	6.7
1%的高锰酸钾溶液	1（体积份）	0.6（体积份）	3（体积份）
50%的丙烯酰胺溶液	18.8	10.8	26.8

制备方法

（1）取液体石蜡和复配乳化剂，充分混匀，得油相，取淀粉加入水混合均匀，再加入所制得的油相，充分搅拌形成反相乳液。

（2）通入氮气将反相乳液中的氧气排尽后加热到35～60℃，在持续通氮气并搅拌的条件下，滴加1%的高锰酸钾溶液，待搅拌均匀后再加入50%的丙烯酰胺溶液，反应1～7h，或者通入氮气将反相乳液中的氧气排尽，在持续通氮气并搅拌的条件下，加入浓度为50%的丙烯酰胺溶液，然后加热到35～60℃，滴加1%的高锰酸钾溶液，反应1～7h。

（3）冷却到常温后加入乙醇并搅拌使反应产物析出，过滤，取滤渣，用乙醇和丙酮轮流洗涤至滤渣为松散的小颗粒，真空干燥。

原料介绍 所述复合乳化剂是由质量比为（7~9）：（0.1~0.5）：（0.9~2.5）的斯潘 80、吐温 80 和烷基酚聚氧乙烯（4）醚（即 OP-4）组成，其中斯潘 80、吐温 80 和烷基酚聚氧乙烯（4）醚的质量比优选 7：0.5：2.5。

产品应用 本品主要应用于高浓度、高浊度、高色度及特殊臭味的废水处理。

产品特性

（1）本品采用斯潘 80、吐温 80 和烷基酚聚氧乙烯（4）醚组成的复合乳化体系作为反相乳液聚合反应的乳化剂，在反应过程中能形成稳定的反相乳液体系；淀粉和单体的接枝共聚反应在反相乳液体系中的油相中进行，反应条件温和且聚合速率大，有效防止爆聚的发生并提高了反应速率和转化率；所得产物固含量高、分子量大且分布窄，具有很好的絮凝性能。

（2）采用高锰酸钾引发体系，能有效提高引发接枝共聚反应的效率，使得接枝率和接枝效率可高达 97% 以上。

配方 6
淀粉接枝共聚阳离子絮凝剂

原料配比

原料	配比（质量份）				
	1#	2#	3#	4#	5#
玉米淀粉	17	—	18	15	—
木薯淀粉	—	15	—	—	—
小麦淀粉	—	—	—	—	20
丙烯酸二甲氨基乙酯氯甲烷盐	16	13	—	—	—
环氧丙基三甲基氯化铵	—	—	16	—	—
二甲基二烯丙基氯化铵	—	—	—	13	—
甲基丙烯酸二甲氨基乙酯	—	—	—	—	15
丙烯酰胺	4	5	5.5	4.8	10
水	35（体积份）	30（体积份）	30（体积份）	30（体积份）	50（体积份）
液体石蜡油	60（体积份）	60（体积份）	60（体积份）	60（体积份）	60（体积份）
斯潘 80	2.8	2.8	3	—	2.8
吐温 80	0.16	0.16	—	4	0.16
过硫酸铵	0.075	0.075	0.08	0.075	0.08
尿素	0.03	0.03	—	—	—
亚硫酸钠	—	—	0.04	0.04	0.04

制备方法

（1）水相混合物的制备：将阳离子单体、部分非离子单体、淀粉加到水中，配成固体含量为 40%~70% 的分散体系，在室温下，搅拌 30~60min 后，即得水相混合物。其中，水相混合物中所用的非离子单体的用量为首批加入量，即它为反应所需全部非离子单体总量的 50%～90%。

（2）油相混合物的制备：将一定量的乳化剂溶于油相溶剂中，不断搅拌，并在 30～60min 内逐渐升温到 35～60℃，得到均相反应体系。

（3）在上述制得的油相混合物中加入步骤（1）所制得的水相混合物，搅拌 30～60min，制成稳定的乳液，然后在氮气氛围下，加入自由基引发剂，过 10～30min 后，再加入余下部分的非离子单体，即二次分批加入的非离子单体，继续搅拌使其反应 2～5h；然后停止氮气保护；冷却下加入乙醇破乳，再经洗涤、抽滤、干燥，即得所需的淀粉接枝共聚阳离子絮凝剂。

原料介绍 所述淀粉为木薯淀粉、玉米淀粉、马铃薯淀粉、小麦淀粉中的任一种，而且均为未糊化淀粉。

所述阳离子单体为二甲基二烯丙基氯化铵、丙烯酸二甲氨基乙酯氯甲烷盐、环氧丙基三甲基氯化铵、甲基丙烯酸二甲氨基乙酯中的任一种。

所述非离子单体为丙烯酰胺。

所述乳化剂为斯潘 80、吐温 80 与斯潘 80/吐温 80 中的任一种。

所述油相溶剂为煤油、环己烷、液体石蜡油中的任一种。

所述自由基引发剂为过硫酸铵/尿素、过硫酸铵/亚硫酸钠中的任一种。过硫酸铵/尿素中两者的质量比为（1:1）～（6:1），过硫酸铵/亚硫酸钠中两者的质量比为（1:1）～（6:1）。

产品应用 本品主要应用于污水处理。

产品特性 本品采用分步加料方式的工艺过程，避免了一次投料法时因两单体同时加入会因竞聚率不同，使生成的最终产物有较大的不均一性，且分步加料方法不破乳，不形成凝胶，能提高分子量，提高阳离子化度，从而改进产品絮凝性能。将所得的产品应用于污水处理时，具有高效、量小、絮体粗大、沉降速度快等优点。

配方 7
淀粉接枝双氰胺甲醛缩聚物絮凝剂

原料配比

表1：含有 C＝C 双键的阳离子聚合物

原料	配比（质量份）			
	1#	2#	3#	4#
甲醛	32.4	24.3	35.6	32.4
氯化铵	10.7	10.7	10.7	10.7
双氰胺	16.8	16.8	16.8	16.8
丙烯酰胺	1.4	1.4	0.7	2.8

表2：絮凝剂

原料	配比（质量份）		
	1#	2#	3#
淀粉	10	5	10
水	90	95	90
引发剂	0.5	0.5	0.5
含有 C═C 双键的阳离子聚合物	40	20	30

制备方法

（1）在反应釜中加入甲醛和氯化铵，在40～80℃条件下反应0.5～1.0h，再加入双氰胺反应1.0～2.0h，然后加入丙烯酰胺和甲醛，反应0.5～2.0h后得到一种含有 C═C 双键的阳离子聚合物。

（2）取淀粉、步骤（1）中制备的含有 C═C 双键的阳离子聚合物、引发剂以及水，在70～85℃以及通氮气条件下反应1～4h，得到产品。

原料介绍

所述的引发剂为铈盐、过硫酸盐、高锰酸钾以及 Fenton 试剂中的一种或多种。

首先使甲醛与氯化铵反应，然后再与双氰胺反应，这样制得的双氰胺甲醛缩聚物絮凝剂具有优异的储存稳定性；然后利用双氰胺甲醛缩聚物和丙烯酰胺均能与甲醛反应的特点，使三者一起反应可以制备得到一种含有 C═C 双键的阳离子聚合物；最后通过自由基反应把这种含有 C═C 双键的阳离子聚合物接枝到淀粉分子链上就制备得到了一种淀粉接枝双氰胺甲醛缩聚物絮凝剂。

产品应用

本品主要应用于水处理。

产品特性

（1）本品制备双氰胺甲醛缩聚物絮凝剂时采用了一种新的物料投加顺序，首先使甲醛与氯化铵反应，然后再与双氰胺反应，这样制得的双氰胺甲醛缩聚物絮凝剂具有优异的储存稳定性，可以长时间储存而不出现凝胶现象，而传统方法制备的双氰胺甲醛缩聚物絮凝剂存在储存稳定差的缺点，储存过程中易凝胶而失效。因此，本品可以使双氰胺甲醛缩聚物絮凝剂的后续工业化应用更为简便。

（2）通过淀粉与双氰胺甲醛缩聚物絮凝剂共混方法制备的产品，其淀粉分子与双氰胺甲醛缩聚物分子之间是通过脱水缩合产生的醚键连接的。由于淀粉只能在大量水中糊化后才可溶解，从而与双氰胺甲醛缩聚物分子反应，而水分子过多会抑制脱水缩合反应，因此共混方法制备的产品中脱水缩合反应产生的醚键数量很少，通过醚键连接的接枝大分子数量也很少，所以其脱色絮凝效果较差。而本品利用双氰胺甲醛缩聚物和丙烯酰胺均能与甲醛反应的特点，使三者一起反应制备得到了一种含有 C=C 双键的阳离子聚合物，然后与淀粉通过自由基反应制备了淀粉接枝双氰胺甲醛缩聚物絮凝剂，这种方法制备的接枝淀粉是通过 C—C 共价键将淀粉分子与双氰胺甲醛缩聚物分子连接在一起而形成接枝淀粉大分子，而且该反应是自由基聚合反应，其反应过程不受水的量的影响。

配方 8
多功能高效絮凝剂

原料配比

原料	配比（质量份）
丙烯酰胺	92
二甲基环硅氧烷	10
碳酸钠	16
尿素	5
水	277

制备方法 用离心泵向配料罐中输入水，然后将丙烯酰胺、二甲基环硅氧烷、碳酸钠、尿素逐步溶于水中，使其完全溶解，形成混合料，再用离心泵将混合料送到聚合釜，然后从聚合釜底部通入高纯氮气，同时从聚合釜顶部球阀加入引发剂。引发剂添加完毕后，通 15min 氮气，然后停止氮气和关闭聚合釜顶部球阀，使混合料聚合，混合料聚合完毕后，形成胶体，向聚合釜夹套中打入 80℃ 热水进行循环，对胶体进行水解 4h。水解完毕后，用压缩空气压料，同时加入分散剂，通过造粒机进行造粒，然后进入双质体振动干燥机进行干燥，将干燥好的絮凝剂根据客户要求的粒度进行磨粉，经包装后即为成品。

产品应用 本品主要应用于污水处理和对造纸工业、食品加工业、石化、冶金、选矿、染色和制糖工业的废水处理。

产品特性 本品采用的是非离子型、阴离子型与阳离子型相结合生成的一种多功能高效絮凝剂环保产品，从而使絮凝剂能够使工业上的固液分离彻底，在固液沉降、分离、澄清、浓缩及污泥脱水方面起到多功能作用，对污水处理和对造纸工业、食品加工业、石化、冶金、选矿、染色和制糖工业的废水处理带来积极的社会效益。

配方 9
方便速溶型聚丙烯酰胺絮凝剂

原料配比

原料	配比(质量份)		
	1#	2#	3#
聚丙烯酰胺	1	1	1
复合醇分散剂	3	5	7
抗降解剂	0.2	0.55	0.9
防冻剂	50	125	200

制备方法　将本品各种组分按照上述比例混合，搅拌均匀后放入密封容器内保存。

原料介绍　所述复合醇分散剂是无水乙醇、异丙醇。本品中的复合醇分散剂能克服现有技术存在的缺陷。

所述抗降解剂是戊二醛。本品中的抗降解剂，能延长聚丙烯酰胺在夏季或使用现场环境温度较高时的储存时间。

所述抗防冻剂是氯化镁。本品中的防冻剂，解决了冬季使用时的保温防冻问题。

产品应用　本品主要应用于污水处理。

使用方法：使用时，打开密封容器，取出本品，与水在搅拌溶解器中混合，配制成含聚丙烯酰胺0.05%的水溶液即可用于污水处理的污泥絮凝沉降工序。

产品特性　本品是对聚丙烯酰胺水溶液的溶解过程和聚丙烯酰胺水溶液的储存条件要求的优化改进，使聚丙烯酰胺水溶液的制作过程简单化，使聚丙烯酰胺溶液成品的储存条件宽松，期限延长。本品操作工艺简单，技术及经济效果好。

(1) 在配制水溶液时不必先用温水，不必进行缓慢投料过程，直接投入水中即可以溶解为合格溶液，不产生影响使用的鱼眼状团粒等状态，方便了现场操作，不增添设备。

(2) 在50℃的环境下可以保证10天内不降解，不影响正常使用。

(3) 配成溶液后在-10℃的环境下静置存放不结冰。

配方 10
粉煤灰复合絮凝剂

原料配比

表1：改性粉煤灰

原料	配比（质量份）		
	1#	2#	3#
粉煤灰	100	150	50
36%的盐酸	100（体积份）	—	—
30%的盐酸	—	100（体积份）	100（体积份）

表2：复合絮凝剂

原料	配比（质量份）		
	1#	2#	3#
甲基丙烯酸二甲氨基乙酯	18.4	36.8	9.6
1mol/L HCl	16（体积份）	45（体积份）	2（体积份）
丙烯酰胺	28.4	4.26	38.6
水	450（体积份）	430（体积份）	460（体积份）
N,N-二羟基乙基偶氮二异丁脒盐酸盐引发剂	10^{-4} mol/L	5×10^{-4} mol/L	5×10^{-4} mol/L
过硫酸铵	10^{-4} mol/L	5×10^{-4} mol/L	2×10^{-4} mol/L
亚硫酸氢钠	10^{-4} mol/L	2×10^{-5} mol/L	1×10^{-5} mol/L
改性后的粉煤灰	50	120	20

制备方法

（1）改性粉煤灰制备：将粉煤灰与盐酸溶液混合，在超声波环境中，自然温度至80℃下处理0.2～3h。盐酸溶液的质量浓度为30%～37%，盐酸溶液的用量为足以浸湿粉煤灰。超声波频率 $f = 20 \sim 100\text{kHz}$。

（2）合成有机高分子絮凝剂：先以丙烯酰胺单体和甲基丙烯酸二甲氨基乙酯单体为主要原料，将季铵化试剂加入甲基丙烯酸二甲氨基乙酯单体中，得到季铵化单体；然后将丙烯酰胺、甲基丙烯酸二甲氨基乙酯季铵化单体、水按适宜比例混合后，吹氮气除溶解氧；最后加入引发剂进行聚合反应。

（3）制备复合产品：有机高分子絮凝剂合成体系聚合反应进行0.5～4h后，将处理后的改性粉煤灰加入有机高分子絮凝剂合成体系，继续反应0.5～6h得到复合型絮凝剂。

原料介绍

所述引发剂为水溶性偶氮引发剂与氧化还原引发剂的一种或

两种，氧化还原引发剂为过硫酸盐和亚硫酸盐的一种或两种，水溶性偶氮引发剂为水溶性偶氮类物，如 N,N-二羟基乙基偶氮二异丁脒盐酸盐、偶氮双脒基丙烷二盐酸盐、2,2-偶氮双（2-甲基-2-脒基丙烷)-盐酸盐中的一种或几种。

所述过硫酸盐是过硫酸钾、过硫酸铵和过硫酸钠中的一种或几种。

所述亚硫酸盐是亚硫酸钠、亚硫酸氢钠、亚硫酸钾、亚硫酸氢钾、亚硫酸铵和亚硫酸氢铵中的一种或几种。

产品应用 本品主要应用于处理印染、造纸、石油、化工、轻工等多种企业产生的污水，尤其适用于处理高色度、高 COD 的污水。

产品特性 本品制备的粉煤灰复合絮凝剂，粉煤灰改性时利用超声波的机械作用、空化作用、热效应和化学效应使粉煤灰中的金属氧化物（Fe_2O_3 和 Al_2O_3）与酸反应，形成活性点，增大粉煤灰的孔隙率和表面积，同时反应生成的 Al^{3+} 和 Fe^{3+} 也容易在水中形成絮体，增加污水的絮凝效果。改性粉煤灰与适宜类型的有机高分子絮凝剂在合成体系中复配，有利于两种组分的充分结合，比两者机械复配具有更理想的协同作用效果。本复合产品用于污水处理时，具有更好的脱色效果和更好的去除 COD 效果，达到污水全面治理的目的。本品将粉煤灰改性与有机高分子絮凝剂复配用于污水处理，既增强了药剂处理污水的效果，又使粉煤灰变废为宝，得到了综合利用。

配方 11
废水处理用絮凝剂

原料配比

原料	配比（质量份）						
	1#	2#	3#	4#	5#	6#	7#
水	500	400	500	500	500	300	400
丙烯酰胺（AM）	13.6	48.9	60.8	46.2	36.7	101.3	78.6
甲基丙烯酰氧基乙基三甲基氯化铵（DMC）	139.5	178.7	88.9	102.6	119.2	177.6	158.6
丙烯酸（AA）	6.9	12.4	10.3	11.2	4.1	41.1	2.8
氮气	适量	适量	适量	适量	适量	适量	适量
氨羧螯合剂	40	60	40	40	40	80	60
水溶性偶氮类引发剂	50	50	50	50	50	50	50
水溶性氧化剂	25	25	25	25	25	25	25
水溶性还原剂	25	25	25	25	25	25	25

制备方法

（1）在反应釜中，加入水和丙烯酰胺（AM），开动搅拌后加入甲基丙烯酰氧基乙基三甲基氯化铵（DMC）和丙烯酸（AA），控制单体质量分数为 10%～60%，水溶液 pH 值为 4.5～6.5，控制温度至 25～60℃，通氮气 10min。

（2）在步骤（1）混合物中加入氨羧螯合剂、水溶性偶氮类引发剂和水溶性氧化剂以及水溶性还原剂，搅拌均匀。

（3）保持同一温度，继续聚合 2～24h，即可得成品。

原料介绍　氨羧螯合剂可以是乙二胺四乙酸二钠水溶液或乙二胺四乙酸水溶液，作用是避免单体和溶剂中的金属离子对共聚合的阻聚作用；水溶性偶氮类引发剂可以是 2,2′-偶氮(2-脒基丙烷) 二盐酸盐水溶液、2,2′-偶氮[2-(N-正丁基)脒基丙烷]二盐酸盐水溶液或 2,2′-偶氮[2-(N-苄基)脒基丙烷]二盐酸盐水溶液，其作用是提高单体的转化率；水溶性氧化剂可以是过硫酸铵水溶液或过硫酸钾水溶液；水溶性还原剂可以是甲醛次硫酸氢钠水溶液或脲的水溶液。

产品应用　本品用于各类废水的处理，尤其适用于处理富含有机物的生产、生活废水。

产品特性　本品工艺流程简单，反应条件温和，便于操作；性能稳定、絮凝及脱水效果好，应用范围广，适用 pH 值为 2～12；节约能源，有利于保护生态环境，具有明显的经济效益和社会效益。

配方 12
复合型高效絮凝剂

原料配比

原料	配比（质量份）
聚丙烯酰胺	75
丙烯酸	8
丙烯酸乙酯	6
羟乙基纤维素	6
硫酸亚铁	3
硫酸铝	2

制备方法

（1）计量混配过程：把所有组料称量计量，然后加水，经加热后搅拌成溶解液。计量混配在通用化工生产设备"叶片搅拌机"中完成。计量采用普通托盘天平，按配料比例要求的质量份称重。水的加入比例，按所有组料总质量的 70%～80%计重加入。加热温度控制在 45～50℃，叶片搅拌机的转速控制在 25～30r/min，搅拌时间控制在 35～40min。

(2) 合成反应过程：把组料溶解液放置在真空、高温、高压的环境中，完成熔融合成化学反应，制备出复合型高效絮凝剂水溶液。合成反应在通用化工生产设备"旋转式真空反应釜"中完成。加热温度控制在 110～120℃，反应釜内压力控制在 0.15～0.20MPa，反应时间控制在 65～70min，反应釜转筒自转控制在 40～45r/min，反应釜旋转控制在 10～15r/min。

(3) 稳定浓缩过程：把已经合成的复合型高效絮凝剂水溶液，通过加热搅拌进行深度稳定反应，并进行初步脱水，把水溶液浓缩成絮凝剂凝胶；稳定浓缩过程是在通用化工生产设备"蒸发浓缩罐"中完成。加热温度控制在 75～80℃，搅拌器转速控制在 40～45r/min，按实现浓缩度 75%～80% 控制浓缩时间。

(4) 真空脱水过程：把已经浓缩成的絮凝剂凝胶，再进行固液分离的脱水处理，使含水率 20%～25% 的絮凝剂凝胶，处理成含水率≤8% 的絮凝剂絮团。真空脱水是在通用化工设备"真空离心脱水机"中完成。离心旋转速度控制在≥800r/min，滤膜材质选用水通量大、截留率高的聚醚砜（PES）超滤膜，组件类型选用涡卷式，离心推动力控制在 0.4～0.5MPa。

(5) 喷雾干燥过程：把已经基本脱水絮凝剂絮团，进行粉碎、喷雾、干燥、筛分技术处理，制成粉末状絮凝剂商品。喷雾干燥是在通用化工设备"喷雾干燥筛分机"中完成。喷出压力≥0.5MPa，干燥温度≥150℃，喷出能力 50g/s，含水率≤0.3%。

产品应用　本品主要应用于污水处理。

产品特性　由于选择配伍组料科学，使组料在合成反应过程中，能快速产生大量结晶，还能在分子内部形成微小孔隙结构。而且配伍组料单体都具有一定线型长度的分子链，这种长链分子链节在合成反应过程中，能够发生相互间的盘绕、贯穿，形成网状结构。这种分子结构特点，使絮凝剂具备了吸附、凝絮能力。研究设计出的复合型高效絮凝剂的这种分子结构特点，聚合度可以达到 $2×10^4～2×10^5$，分子量可高达 1000 万～1500 万，对污水中微细颗粒的吸附能力和絮凝效果可以达到 98%。

配方 13
复合型有机无机高分子絮凝剂

原料配比

原料	配比（质量份）								
	1#	2#	3#	4#	5#	6#	7#	8#	9#
二甲胺	60	130	78	155	53	90	25	300	84
尿素	40	85	102	70	158	225	275	63	105
环氧氯丙烷	200	216	126	175	275	400	125	80	105

续表

原料	配比(质量份)								
	1#	2#	3#	4#	5#	6#	7#	8#	9#
催化剂	10	4	8	22	15	12	25	20	15
交联剂	90	60	52	35	25	50	80	70	65
溶合剂	10	24	16	12	8	5	15	20	18
添加剂	5	6	8	3	1	3	5	2	8
铝盐	180	120	160	108	75	50	125	95	200
水	405	355	450	420	390	165	325	350	400

制备方法 在 50~60℃ 条件下往反应器中按所述质量份依次加入尿素、二甲胺、催化剂、水,搅拌至尿素完全溶解并混合均匀后,滴加环氧氯丙烷,滴加完毕后将反应体系的温度缓慢升至 75~95℃,加入交联剂,反应 4~7h 后再加入溶合剂和添加剂,混合均匀后向体系中慢慢加入一定质量分数的铝盐水溶液,水解聚合 1~4h,得到所述的复合型有机无机高分子絮凝剂。

原料介绍

所述催化剂为氢氧化钠、氢氧化钾、碳酸钠、碳酸钾中的一种或几种的混合物。

所述交联剂为 1,2-乙二胺、1,3-丙二胺、1,4-丁二胺、1,5-戊二胺、1,6-己二胺中的一种或几种的混合物。

所述溶合剂为无机铵盐氯化铵、硫酸铵、硝酸铵、磷酸铵中的一种或几种的混合物。

所述的添加剂为聚丙烯酸,平均分子量为 5 万~45 万。

所述铝盐为氯化铝、硫酸铝、硫酸铝钾中的一种或几种的混合物。

产品应用 本品主要应用于处理制浆造纸废水、印染废水、含活性基团的有机废水。

产品特性

(1)在制备过程中,利用反应体系的高 pH 值直接将低分子量铝盐聚合成高分子量铝盐,并与有机絮凝剂合成复合型有机无机高分子絮凝剂。

(2)本品兼具有机和无机絮凝剂的优点,与传统产品相比,废渣的含水率可降低 40%~55%,污泥的体积可减小 50%~60%。

(3)该絮凝剂在废水处理中投药量小,加入量仅为 1.0~100mg/L,可有效降低废水的 COD_{Cr} 值,亦可用于高色度废水以降低水体色度,废水处理效果理想,经处理后的废水 COD_{Cr} 可降低 65%~88%,色度可降低 95%~100%。

(4)处理后的废渣可作为合成燃料、超强吸水剂、颜料填料等产品的原料,实现变废为宝。

（5）产品稳定性好，无毒，使用不受季节和区域限制，便于运输和储存。

（6）生产工艺简单，反应条件温和，生产原料易得，生产周期短，所需设备为常规设备，易于现有化工厂生产，整个工艺流程基本无"三废"的产生，是一种无污染的清洁生产工艺。

配方 14
复合含油污水絮凝剂

原料配比

表1：絮凝剂

原料		配比（质量份）
胺取代物 A	二乙烯三胺	350
	环氧丙烷	300
加合物 B	分子量为 1000 的聚乙二醇	250
	3-氯-1,2-环氧丙烷	200
胺取代物 A		150
加合物 B		100
工业盐酸		50（体积份）

表2：复合絮凝剂

原料	配比（质量份）	
	1#	2#
絮凝剂	130	100
50%的聚硫酸铁溶液	100	—
30%的聚合氯化铝溶液	—	70
水	10	10
异丙醇	8	9

制备方法

（1）在 1L 的反应器中，加入二乙烯三胺，搅拌条件下升温至 100℃，通入环氧丙烷，控制温度在 115～125℃，2h 加完，在 110℃ 保温 1h，冷却生成胺取代物 A。

在带搅拌、温度计、回流管的 1000mL 三颈烧瓶中加入分子量为 1000 的聚乙二醇，然后在 2h 内分次加入 3-氯-1,2-环氧丙烷，反应温度为 90～110℃，反应结束后在 90℃ 左右保温 1h，生成物为加合物 B。

在 500mL 烧瓶中加入胺取代物 A，搅拌并加热至 100℃，分次加入加合物

B，反应温度为110～120℃，反应时间为2h，冷却后反应物用工业盐酸中和。

（2）室温下，向反应器中加入步骤（1）的产物和50％的聚硫酸铁溶液或30％的聚合氯化铝溶液，然后补加水和异丙醇，搅拌均匀即为成品。

上述反应结束后，产物用工业盐酸或乙酸中和后可直接作为絮凝剂使用，也可与水溶无机絮凝剂复配使用，无机絮凝剂所占比例范围为5％～40％（本品适宜的范围为10％～30％），适宜的无机絮凝剂为聚合硫酸铁和聚合氯化铝。为了改进无机絮凝剂与上述线型聚合物的相溶性和溶液的稳定性能，通常加入少量（2％～10％）醇类，如乙醇、丙醇、乙二醇、丙二醇等。

产品应用 本品主要应用于处理含油污水。

产品特性 本品对于水包油型或油包水型含油污水具有强的破乳效果。由于线型的嵌段聚醚分子结构具有良好的界面活性，聚合物含有阳离子电解质，对带负电荷的水包油乳状液微滴有中和电荷、吸附桥联、聚结等作用，因此除油效率较高。另外，与无机聚合铝或无机聚合铁复配使用，不但可使成本降低，而且对于含油泥较多的含油污水能起到迅速絮凝分离的效果。处理后的污水浊度低，浮渣生成量减少，含油量高。

配方 15
改性淀粉类高分子絮凝剂

原料配比

原料	配比（质量份）		
	1#	2#	3#
26％的氢氧化钠溶液	85（体积份）	40（体积份）	65（体积份）
丙烯基单体	60	40	50
玉米粉	11	8	5
泥炭粉	12	6	10
引发剂	0.7	0.2	1
交联剂	0.2	0.05	0.1
25％的氨水	17（体积份）	10（体积份）	14（体积份）

制备方法

（1）配置中和液：称取丙烯基单体，在不断搅拌的条件下，将26％的氢氧化钠溶液加入到丙烯基单体中进行中和反应，配制成中和度为60％～90％的丙烯酸中和液。待反应完全后，停止搅拌使中和液逐渐冷却。

（2）接枝共聚反应：同一容器中，在不断搅拌条件下，将玉米粉和泥炭粉先后加入到冷却至20～40℃的中和液中。恒定温度，搅拌20～40min，使淀粉和泥炭粉分散均匀。再缓慢地加入引发剂（过硫酸钾）和交联剂（NMBA-N,N-亚甲基双丙烯酰胺），恒温 0.5～3.0h。待反应液变至半透明的黏稠液时，加入 25％的氨水 10～20mL，把体系的 pH 值调至 7～8。静置 10～30min 后，体系反应完全，放出气体至完成。

（3）产物的后处理：将产物处理成小的块状，放置到烘箱中，在 100～130℃下干燥至恒重。经过破碎、粉碎，得到颗粒或粉末状的高分子絮凝剂。

产品应用 本品主要应用于城市污水及工业废水的处理。

产品特性

（1）自放热交联工艺：在反应的进行过程中采用了自放热交联工艺，反应在较温和的温度下进行，不用额外对体系升温，避免了能量的损失，使体系的交联效果更好，该技术大大简化了反应步骤。

（2）环保无污染：生产过程中没有工业废料产生，无废水、废气、废渣排放，无污染，有利于环境的保护，是一种无污染的清洁化生产工艺。

（3）本品使用过程中，产品稳定性好，无毒，安全可靠，对设备和管道都无腐蚀性，不结垢，使用不受季节、区域限制，便于存放与运输。

配方 16
改性榆树皮絮凝剂

原料配比

原料	配比（质量份）
新鲜榆树皮	1000
含水率 5％的榆树皮精粉	100
85％的乙醇	150（体积份）
10％的 NaOH 溶液	50（体积份）
工业纯一氯乙酸	20（体积份）
1％的硝酸铈铵水溶液	1（体积份）
丙烯酰胺	50

制备方法

（1）榆树皮精粉的制备：取新鲜榆树皮，去角质后晒干至含水率为 5％～10％（质量分数），研磨，过 50 目筛，得含水率为 5％～10％（质量分数）的榆树皮精粉，备用。

（2）强碱预处理：将榆树皮精粉和浓度为 85％的乙醇加入反应器中润湿，接着加入浓度为 10％的强碱（强碱为 NaOH 或 KOH 溶液），在 30～50℃的搅拌条件下反应 0.5～2.5h，得到棕红色的碱化榆树皮精粉。

（3）羧甲基化榆树皮精粉的制备：将工业纯一氯乙酸倒入水热反应器中，搅拌，使其与碱化榆树皮精粉醚化反应0.5～3h，反应温度为40～70℃，得到棕红色羧甲基化榆树皮精粉。

（4）接枝共聚得改性榆树皮絮凝剂粗品：向步骤（3）的羧甲基化榆树皮精粉中加入引发剂硝酸铈铵，搅拌并活化后加入丙烯酰胺，在50～70℃温度下进行接枝共聚反应，搅拌反应1～3h后即得到阴离子的改性榆树皮絮凝剂粗品。

（5）改性榆树皮絮凝剂的制备：将步骤（3）所得改性的榆树皮絮凝剂粗品放入真空干燥器中，在20～60℃下抽真空干燥得改性榆树皮絮凝剂，抽真空所得乙醇气体冷凝回用。

产品应用 本品主要应用于水处理。

产品特性

（1）本品采用天然植物榆树皮精粉代替人工合成絮凝剂，节约资源和降低能源消耗，主要原料为植物树皮，所得絮凝剂具有良好的生物降解性，有效降低二次污染。

（2）本品采用乙醇作为溶剂，能有效提高单体接枝率，提高生产效率。相对于异丙醇和甲醛溶剂系统，具有较好的安全性，便于实现工业化生产。

配方 17
改性樟树皮絮凝剂

原料配比

原料	配比（质量份）
含水率5%的樟树皮	100
80%的乙醇	150（体积份）
15%的强碱	50（体积份）
一氯乙酸	20（体积份）
1%的硝酸铈铵	1（体积份）
丙烯酰胺	60

制备方法

（1）樟树皮精粉的制备：取新鲜樟树皮，去角质后晒干至含水率为5%～10%，研磨，过60目筛，得含水率为5%～10%的樟树皮精粉，备用。

（2）强碱预处理：将樟树皮精粉和浓度为80%的乙醇加入反应器中润湿，接着加入浓度为15%的强碱（强碱为NaOH或KOH溶液），在40～60℃搅拌条件下反应0.5～2.5h，得到棕色的碱化樟树皮精粉。

（3）羧甲基化樟树皮精粉的制备：将工业纯一氯乙酸倒入水热反应器中，搅拌，使其与碱化樟树皮精粉醚化反应0.5～2.5h，反应温度为40～80℃，得到棕色羧甲基化樟树皮精粉。

（4）接枝共聚得改性樟树皮絮凝剂粗品：向步骤（3）的羧甲基化樟树皮精粉中加入引发剂硝酸铈铵，搅拌并活化后加入丙烯酰胺，在40～80℃温度下进行接枝共聚反应，搅拌反应0.5～3h后即得到阴离子的改性樟树皮絮凝剂粗品。

（5）改性樟树皮絮凝剂的制备：将步骤（3）所得改性的樟树皮絮凝剂粗品放入真空干燥器中，在25～70℃下抽真空干燥得改性樟树皮絮凝剂，抽真空所得乙醇气体冷凝回用。

◀ **产品应用** ▶ 本品主要应用于水处理系统。

◀ **产品特性** ▶

（1）本品采用天然植物樟树皮精粉代替人工合成絮凝剂，节约资源和降低能源消耗，主要原料为植物树皮，所得絮凝剂具有良好的生物降解性，有效降低二次污染。

（2）本品采用乙醇作为溶剂，能有效提高单体接枝率，提高生产效率。相对于异丙醇和甲醛溶剂系统，具有较好的安全性，便于实现工业化生产。

配方 18
高效脱色絮凝剂

◀ **原料配比** ▶

原料	配比（质量份）		
	1#	2#	3#
双氰胺	354	295	265.5
氯化铵	178.6	186	200
甲醛	178.6+357	279+279	401.7+200

◀ **制备方法** ▶ 本品的制备工艺为"二步法缩合"，具体过程是：先将双氰胺、氯化铵及1/2～2/3量的甲醛投入带有回流冷凝器的搪玻璃反应釜中，升温至48～72℃，进行第一步缩聚，通过冷却使反应温度控制在53～77℃，待反应放热高峰过后（温升停止并下降1～2℃），再加入余下1/2～1/3量甲醛，进行第二步缩聚，控制温度在58～98℃，保温2～4h，即得产品。

◀ **产品应用** ▶ 本品适用于染料、印染等废水的处理，脱色率可达99%。

使用方法：将本品用1～5倍的水稀释，经计量直接注入待处理的水中，搅拌均匀，立即有大量絮状物生成，用气浮或沉降法进行分离，渣浆用板框压滤机过滤。其处理用量视废水种类、性质及色度，经预先试验后确定。

本品适用于处理pH值为7～12的有色废水，而对于盐析染料后的废母液可以放宽pH值为3～12。本品还可与其他类型絮凝剂（如无机或有机）配合使用，在保证脱色效果的同时可提高絮凝速度。

产品特性 本品原料易得，配比及工艺科学合理，反应过程易于控制，产品具有广谱高效应用效果，符合环保要求。

配方 19
高分子量速溶阳离子絮凝剂

原料配比

原料	配比（质量份）		
	1#	2#	3#
丙烯酰胺	1343	950	600
丙烯酰氧乙基三甲基氯化铵	270	50	1000
甲基丙烯酰氧乙基三甲基氯化铵	30	400	200
二氧化硅	15	13	10
柠檬酸	10	—	—
反丁烯二酸	—	10	—
顺丁烯二酸	—	—	10
螯合剂乙二胺四乙酸二钠	0.835	0.75	0.425
链转移剂次磷酸钠	0.1	0.115	0.14
氧化剂偶氮异丁脒盐酸盐	0.4	0.358	0.45
偶氮二异丁腈	2.5	2.8	3
氧化剂过硫酸钠	0.03	0.045	0.05
还原剂亚硫酸氢钠	0.11	0.125	0.13
还原剂氯化亚铜	0.04	0.06	0.075

制备方法 将丙烯酰胺、丙烯酰氧乙基三甲基氯化铵、甲基丙烯酰氧乙基三甲基氯化铵加入到配料釜中充分混合，同时加入二氧化硅，再加入有机酸，加入水，使丙烯酰胺、丙烯酰氧乙基三甲基氯化铵、甲基丙烯酰氧乙基三甲基氯化铵的总浓度达到 28%～40%，降温至 0℃，用酸调节 pH 值至 1～5，完成配料；将配好的料转移至反应釜中，将螯合剂、链转移剂、氧化剂加入反应釜中，通氮气搅拌 10～30min 后，再加入氧化剂和还原剂继续通氮气 10～30min 后停氮封口，绝热聚合反应 1.5～2.5h；2～4h 后打开反应釜底阀，用压缩空气压出胶块，经造粒、干燥、粉碎、筛分得到成品。

本品采用氧化剂和还原剂的复合引发体系分段引发，降低了聚合引发温度，体系形成的自由基比较均匀，这样聚合反应和温升都比较均匀，聚合反应温度-时间曲线平缓向上，这种反应过程有利于链增长，能够获得分子量比较大的产品。同时，由于反应均匀，分子链基本呈直链型，其溶解速度快，溶解时间短，并不容易出现水不溶物，且保证产品在高温区不出现支化交联。

采用两种阳离子单体——丙烯酰氧乙基三甲基氯化铵与甲基丙烯酰氧乙基三甲基氯化铵参与聚合，克服了单阳离子单体参与聚合的产品使用范围窄、絮团在有些水中疏松、跑泥等缺陷。

助剂二氧化硅的加入有利于加快产品的溶解速度，利于造粒，有利于缓解干燥时的粘床和高燥时的高温降解。

采用上述方法获得的产品，分子量在 500 万～2000 万之间，产品易溶于水。

产品应用　本品主要应用于废水处理。

产品特性　本品分子量高、水溶性好、溶解速度快。

配方 20
高分子重金属螯合絮凝剂

原料配比

原料	配比（质量份）						
	1#	2#	3#	4#	5#	6#	7#
二烯丙基甲基胺	29.2（体积份）	29.2（体积份）	29.2（体积份）	29.2（体积份）	29.2（体积份）	29.2（体积份）	29.2（体积份）
环氧氯丙烷	15.8（体积份）	16.2（体积份）	16.7（体积份）	16.2（体积份）	16.3（体积份）	16（体积份）	16.2（体积份）
四氢呋喃	300（体积份）	450（体积份）	600（体积份）	—	—	—	—
N,N-二甲基甲酰胺	—	—	—	400（体积份）	300（体积份）	500（体积份）	450（体积份）
二乙烯三胺	21.9（体积份）	—	—	—	—	21.9（体积份）	—
三乙烯四胺	—	29.9（体积份）	—	29.9（体积份）	29.9（体积份）	—	—
四乙烯五胺	—	—	38.4（体积份）	—	—	—	38.4（体积份）
水	575（体积份）	658（体积份）	730（体积份）	659（体积份）	655（体积份）	570（体积份）	720（体积份）
过硫酸铵	0.712	—	—	—	—	—	0.961
过硫酸钾	—	1	—	—	—	—	—
偶氮二异丁脒盐酸盐	—	—	1.5	1	1.35	0.885	—
氢氧化钠	22.8	33.2	44.5	38.7	36.4	29.4	48.1
二硫化碳	31.7（体积份）	46.6（体积份）	63（体积份）	55.2（体积份）	46.8（体积份）	34.9（体积份）	57.1（体积份）

制备方法

（1）按二烯丙基甲基胺和环氧氯丙烷的摩尔比为 1∶（1～1.05），先分别将二烯丙基甲基胺和环氧氯丙烷加入到反应器中，再加入体积为二烯丙基甲基胺体积 10～20 倍的有机溶剂，然后升温至 60～75℃反应 8～10h。

（2）向步骤（1）溶液中滴加与二烯丙基甲基胺等物质的量的多亚乙基多胺，继续反应 4～6h，然后蒸出溶剂，得到淡黄色膏状物，即粗单体。

（3）将步骤（2）所得膏状物用水溶解，配成质量分数 10% 的溶液，加入活性炭脱色，然后过滤，滤液经减压蒸发浓缩至单体质量分数达 60%～70%，得精制单体溶液；然后通 N_2 驱氧 30min，升温至 60～70℃，再按单体质量的 1.2%～2.0% 加入水溶性自由基引发剂，反应 8～12h，得无色或淡黄色黏稠液体。

（4）将步骤（3）所得黏稠液体降温至室温，加入水配制成质量分数为 1%～5% 的溶液，然后按多亚乙基多胺分子中氮原子、氢氧化钠和二硫化碳的摩尔比为 1.0∶（1.0～1.3）∶（0.9～1.2），先加入氢氧化钠，再滴加二硫化碳，在室温下反应 3～5h，然后升温到 50～60℃反应 1～2h，即得产物高分子重金属螯合絮凝剂。

原料介绍

所述有机溶剂为四氢呋喃或 N,N-二甲基甲酰胺。

所述多亚乙基多胺为二乙烯三胺、三乙烯四胺或四乙烯五胺中的任一种。

所述水溶性自由基引发剂为过硫酸铵、过硫酸钾、偶氮二异丁脒盐酸盐或偶氮二异丁咪唑啉盐酸盐中的任一种。

产品应用

本品适用于采矿选矿废水、有色金属冶炼和加工废水、金属制品制造厂废水、电解电镀废水、印刷电路板厂废水、电池厂废水、精密仪器制造厂废水、各种化工废水、石化炼油厂废水、光学仪器制造厂废水、垃圾焚烧厂废水和垃圾填埋浸出废水等的处理。

产品特性

（1）本品产物分子结构设计新颖，除在分子链上引入对多种重金属离子（如 Hg^{2+}、Pb^{2+}、Cu^{2+}、Cd^{2+}、Ni^{2+}、Mn^{2+}、Zn^{2+}、Ag^{2+} 等）有强螯合作用的基团—CSS—外，在高分子链的每个结构单元上都有一个正电荷，正电荷分布均匀，分子链上正、负电荷的比例可根据需要通过控制二硫化碳与接入的多亚乙基多胺的氮原子摩尔比来调节。

（2）本品与重金属离子螯合时，能利用高分子链上自身的正电荷有效地中和絮体形成过程中产生的过剩负电荷。由于正电荷分布均匀，更加有利于改善形成的絮体结构，促进絮体的形成和生长，使絮体密实而粗大，因此，与其他高分子螯合剂比较，本品去除重金属离子的效果更好，絮凝沉降速度更快，不需要添加其他助凝剂。

（3）本品适用范围广，能在常温下与废水中的 Pb^{2+}、Cd^{2+}、Hg^{2+}、Cu^{2+}、Ni^{2+}、Mn^{2+}、Zn^{2+}、Ag^+ 等多种重金属离子迅速反应，生成不溶于水且具有良好化学稳定性的螯合物。

本品既可适用于游离态重金属离子，也可适用于络合态重金属离子的去除。应用本品处理污水的工艺简单，只需将一定量的本品加入重金属污水中并充分搅拌就能迅速产生不溶性絮体，经沉降分离和过滤即可，不需要增加复杂的设备和工序。由于螯合基团—CSS—连接在高分子链上，在处理水中的残留量很少，比小分子氨基二硫代甲酸盐生物毒性更小，更加安全可靠。

（4）本品制备路线先进，工艺简单，反应条件温和，易于操作和控制，"三废"少，所需设备为常规设备，易于实现工业化生产。

配方 21
高取代度季铵型阳离子淀粉絮凝剂

原料配比

原料	配比（质量份）		
	1#	2#	3#
绝干玉米淀粉	25	—	25
绝干小麦淀粉	—	25	—
5%的氢氧化钠	5（体积份）	—	5（体积份）
粉状氢氧化钠	—	1	—
异丙醇	3（体积份）	3（体积份）	3（体积份）
季铵盐溶液	5（体积份）	5（体积份）	5（体积份）
10%的氢氧化钠	5（体积份）	5（体积份）	7（体积份）
二乙醇胺	2.5	—	—

制备方法

在装有搅拌器的玻璃瓶中加入淀粉和5%氢氧化钠和异丙醇，搅拌15min后，于50℃碱化1h，将季铵盐溶液（15g 3-氯-2-羟丙基三甲基氯化铵溶于5mL水中配得）和10%氢氧化钠溶液混合后尽量均匀地喷洒在淀粉表面，然后加入二乙醇胺，室温搅拌混合均匀后，在60℃条件下真空预干燥至淀粉含水量降至20%左右，然后在90℃反应3h，粉碎即得白色细粉状阳离子淀粉产品。

产品应用

本品主要应用于工业及生活污水处理。

产品特性

（1）在现有半干法-干法生产基础上，将淀粉的碱化、醚化分成两步在一个反应釜内进行，减少了操作环节，为降低生产成本提供了基础。

（2）采用加入助催化剂提高淀粉的碱化程度、产品的稳定性和醚化剂的转化率，降低分子链的降解，提高收率。

（3）原料易得，价格低廉，生产工艺简单，整个生产过程无三废排放。

（4）刚柔结构的季铵型阳离子淀粉，具有良好的耐酸碱、耐剪切能力。

（5）本品可与多种无机和有机絮凝剂复配，发挥更好的絮凝效果，并且无腐蚀设备及管道现象。

配方 22
高水油比例聚丙烯酰胺絮凝剂

原料配比

原料		配比（质量份）				
		1#	2#	3#	4#	5#
丙烯酰胺		200	700	450	200	200
丙烯酸		100	400	300	10	100
氢氧化钠		50	300	200	50	50
EDTA		1	10	5	1	1
尿素		50	300	200	50	50
乳化剂	吐温 20	50	—	—	—	—
	斯潘 60	—	800	—	—	—
	斯潘 80	—	—	500	—	—
	吐温 20 与 OP-10 以 2∶2 比例复配	—	—	—	50	—
	OP-10	—	—	—	—	100
溶剂	甲醛	500	—	—	—	—
	环己烷	—	2000	—	—	—
	液体石蜡	—	—	1500	—	—
	四氯化碳	—	—	—	500	—
	煤油	—	—	—	—	500
引发剂	过硫酸铵与亚硫酸钠(质量比为 2∶1)	0.05	—	—	0.05	0.05
	偶氮二异丁腈	—	1	—	—	—
	偶氮二异庚腈	—	—	1	—	—
水		1000	2000	2000	1000	1000

制备方法

（1）在水中加入氢氧化钠溶解后，依次加入丙烯酸、丙烯酰胺、EDTA、尿素，溶解均匀为水相备用。

（2）在溶剂中加入乳化剂，溶剂均匀为油相，备用。

（3）用常规方法将水相与油相进行乳化。

（4）加入引发剂在指定条件下进行聚合反应。

反应后得到均一的油包水乳液。

水溶性引发剂可以加到水中，油溶性引发剂可以加到油相中，也可以水相和油相乳化后在反应过程中加入。

聚合反应温度一般为 10～100℃，聚合时间一般为 3～15h。

原料介绍 所述溶剂包括液态烃类和有取代基的液态烃类，合适溶剂体可以是芳香族类、环烷烃类、脂肪族类，也可以是氯代烃类。例如使用全氯乙烯、四氯化碳、甲苯、苯、二甲苯、正辛烷、十二烷、十四烷、120♯溶剂油、200♯溶剂油、煤油、液体石蜡、白油，最好使用脂肪族类的溶剂油。

所述乳化剂一般使用非离子型的乳化剂，如失水山梨糖有机酸酯、失水山梨糖酯环氧乙烷的加成物、烷基醇或烷基酚环氧乙烷的加成物。最好的乳化剂亲水-亲油比率（HLB）为 1～10，优选值为 2～6 的乳化剂。这些乳化剂包括脱水山梨醇单油酸酯、脱水山梨醇单硬脂酸酯、聚氧乙脱水山梨醇单油酸酯、聚氧乙烯油酸基醚、聚氧乙烯壬基苯基醚、甘油单硬脂酸酯及其混合物。

所述聚合反应引发剂采用常规的引发剂，如化学引发剂、光学引发剂、辐射引发剂等，合适的聚合引发剂有：氧化还原引发剂、偶氮类引发剂。前者是有机或无机过氧化物（例如过硫酸盐或过氧化苯甲酰）与一种还原剂（如亚硫酸钠、尿素或硫酸氢钠）的结合物，后者是偶氮二异丁腈、偶氮二异庚腈、2,2-偶氮双（2-醚基丙烷）氢氧化物和 4,4-偶氮双（4-氰基戊酸）。

产品应用 本品主要应用于水处理。

产品特性

（1）水相与油相的质量比例较高，水相油相质量比可为（1∶1）～（3∶1）。

（2）合成出的聚合物分子量高，分子量在 300 万～2000 万。

（3）反应后的乳液均一稳定。

配方 23
高效广谱絮凝剂

原料配比

表 1：阳离子聚丙烯酰胺

原料	配比（质量份）		
	1♯	2♯	3♯
丙烯酰胺	6	15	10
水	120	150	135
二烯丙基二甲基氯化铵	2	1	1.5
过硫酸铵	0.2	0.1	0.3

表2：聚硅硫酸铝铁

原料	配比（质量份）		
	1#	2#	3#
十八水硫酸铝	13	21	17
水合硫酸铁	13	7	10
聚硅酸	18	10	15
水	95	130	115
氢氧化钠	5	2.5	4

表3：高效广谱絮凝剂

原料	配比（质量份）				
	1#	2#	3#	4#	5#
阳离子聚丙烯酰胺	50	40	45	47	43
聚硅硫酸铝铁	13	9.8	8	11	12.6
OP-10 乳化剂	1	1.2	0.8	1.2	1.2
水	35	48	45	41	42
氢氧化钠	1	1	1.2	0.8	1.2

制备方法

（1）制备阳离子聚丙烯酰胺：将丙烯酰胺倒入反应釜中，然后倒入水，搅拌至完全溶解后，依次加入二烯丙基二甲基氯化铵、过硫酸铵，控制温度为85℃，搅拌1h后，得到阳离子聚丙烯酰胺，备用。

（2）制备聚硅硫酸铝铁：将十八水硫酸铝按1∶2的比例溶解于水中，将水合硫酸铁按1∶4的比例溶解于水中，然后将硫酸铝溶液和硫酸铁溶液加入至反应釜中，控制温度为35～45℃，在快速搅拌的状态下，依次加入pH值为4的聚硅酸及水、氢氧化钠，搅拌1h后，得到聚硅硫酸铝铁，备用。

（3）将阳离子聚丙烯酰胺、聚硅硫酸铝铁、OP-10 乳化剂、水依次加入真空分散机的反应釜中，将温度控制在40～45℃，以500～600r/min的转速搅拌15～20min，得乳化液。

（4）向乳化液中加入氢氧化钠，调整乳化液pH值为5.5～6，然后以700～900r/min的转速继续搅拌20～30min，得到高效广谱絮凝剂。

产品应用

本品可广泛用于印染、造纸、化工等工业废水的净化处理，在pH值为0～12的废水中都有良好的絮凝作用，对废水中悬浮物的去除及耗氧量的降低等均有明显作用，特别对高浓度含铁离子废水有较好的去除效果。

产品特性

本品兼具无机、有机絮凝剂的双重优点，同时克服了两者的固有缺点。其适用范围广，对各种浓度的废水、有色废水、多种工业废水都有良好的净水效果，可广泛用于印染、造纸、化工等工业废水的净化处理中。

配方 24
高效脱色絮凝剂

原料配比

原料	配比（质量份）				
	1#	2#	3#	4#	5#
双氰胺	120	100	105	120	110
氯化铵	90	60	75	80	70
尿素	30	40	35	40	35
甲醛	300	280	290	305	300
乙二胺	5	—	—	—	—
端氨基醚	—	10	—	—	—
二乙烯三胺	—	—	8	—	—
丁二胺	—	—	—	10	—
己二胺	—	—	—	—	14

制备方法

在反应釜中加入双氰胺、尿素、甲醛及氯化铵用量的1/2～2/3，加热升温至 30～50℃进行反应，待放热高峰过后，再加入多胺和剩余量的氯化铵进一步进行交联缩合，控制温度在 70～100℃，保温 2～4h 即得双氰胺甲醛缩聚物。

产品应用

本品主要应用于工业废水处理。

产品特性

通过引入多胺类化合物增大絮凝剂分子量，使其黏度增大，稳定性好；制备方法易于控制，便于工业化生产。在进行印染废水处理时，本品与未添加多胺类化合物缩合的双氰胺甲醛缩聚物相比，具有用量少、沉降速度快、脱色效果好等特点，克服了目前双氰胺甲醛缩聚物类絮凝剂分子量低，在实际工业应用中形成絮团小，沉降速度慢，难以后处理等缺点。

配方 25
高效印染废水絮凝剂

原料配比

原料	配比（质量份）
双氰胺	16.9
氯化铵	27.3
甲醛	43.2
氢氧化铵	12.6

制备方法

（1）在容器中分别安装有电动搅拌机、冷凝管和温度计。

（2）将甲醛、氯化铵、双氰胺和添加剂（氢氧化铵）分别加入容器中，用电动搅拌机搅拌形成混合溶液。

（3）将容器放入水浴中，通过水浴加热辅助升温至 60℃。

（4）再继续往容器中加入甲醛，该甲醛占总混合溶液的质量分数的 12.2%。

（5）使容器的温度达到 88～90℃后恒温反应 1h，冷却得到无色透明、有一定黏度的液体，即为絮凝剂。

产品应用 本品主要应用于印染废水处理。

产品特性 本方法在氯化铵催化法的基础上对合成工艺加以改进，通过加入添加剂降低双氰胺用量，并缩短反应时间制得高效絮凝剂，从而大大降低了生产成本，提高了产品性价比。

本方法通过改变工艺条件使反应温和，确保了生产安全，同时降低了双氰胺用量比例和缩短了反应时间，大幅度降低了产品生产成本。

配方 26
含氟阳离子絮凝剂

原料配比

原料	配比（质量份）					
	1#	2#	3#	4#	5#	6#
环氧氯丙烷	150	200	260	180	230	230
30%二甲胺	280	160	100	350	300	70
全氟烷基磺酰卤化物	20	40	50	30	25	45
交联剂	10	13	16	15	20	18

制备方法 首先在 25～35℃的恒温下向环氧氯丙烷中搅拌滴加质量分数为 30%的二甲胺溶液，滴加完成后再加入交联剂，继续搅拌，并以 1℃/min 的升温速度升温至 70℃，恒温反应 4h，再加入全氟烷基磺酰卤化物，再反应 2h 得到含氟阳离子絮凝剂。

原料介绍 本品的交联剂为 1,2-乙二胺、1,3-丙二胺、1,4-丁二胺、1,5-戊二胺或 1,6-己二胺；全氟烷基磺酰卤化物为全氟丁基磺酰氟、全氟己基磺酰氟或全氟辛基磺酰氟。

产品应用 本品主要应用于造纸、染料和印染行业的废水处理。

产品特性　本品通过环氧氯丙烷与二甲胺共聚，得到季铵盐型阳离子共聚物，再通过加入交联剂以提高共聚物的分子量，最后加入全氟烷基磺酰卤化物反应得到成品含氟阳离子絮凝剂，从而改善已有絮凝剂形成絮体大、絮体松散、沉降速度慢、固液不易分离、滤饼含水率较高等缺点。

------- **配方 27** -------

含聚氧乙烯支链交联阳离子聚丙烯酰胺微粒絮凝剂

原料配比

原料	配比（质量份）					
	1#	2#	3#	4#	5#	6#
120#汽油	340	300	350	330	420	370
斯潘40	45.7	—	—	—	75	—
斯潘80	—	48	47.8	46.8	—	39.5
吐温80	16.5	25.5	17.8	18.8	—	16.8
吐温40	—	—	—	—	17.7	—
水	120	120	120	120	120	100
丙烯酰胺	75	40	75	75	40	75
丙烯酰氧基乙基三甲基氯化铵	20	—	4.9	2.72	—	20
甲基丙烯酰氧基乙基三甲基氯化铵	—	20	7.4	—	10	—
丙烯酰端基聚氧乙烯(400)大单体	12	1.9	—	—	—	—
丙烯酰端基聚氧乙烯(600)大单体	—	—	—	7	25	—
丙烯酰端基聚氧乙烯(1000)大单体	—	—	—	—	—	18
N,N'-亚甲基双丙烯酰胺	6.9	8	6.9	6.9	5	4.5
乙二胺四乙酸二钠	0.033	—	—	0.015	—	0.015
乙二胺四乙酸	—	0.005	0.033	—	0.01	—
2,2'-偶氮(2-脒基丙烷)二盐酸盐	0.16	—	0.11	0.21	0.12	—
2,2'-偶氮[2-(N-正丁基)脒基丙烷]二盐酸盐	—	0.04	—	—	—	—
2,2'-偶氮[2-(N-苄基)脒基丙烷]二盐酸盐	—	—	—	—	—	0.5
亚硫酸氢钠	0.017	—	0.011	0.07	0.025	—
甲醛次硫酸氢钠	—	0.022	—	—	—	0.025
过硫酸铵	0.03	—	—	—	—	0.02
过硫酸钾	—	0.03	0.015	0.1	0.035	—

制备方法

（1）配制油相：在反应釜中，加入油相，包括汽油和相对汽油质量15%～25%的山梨糖醇酐脂肪酸酯/聚氧乙烯山梨糖醇酐脂肪酸酯系列复合乳化剂，其HLB值（亲水亲油平衡值）为7～9，在30～45℃下乳化。

（2）配制水相：在反应釜中加入水和丙烯酰胺（AM）、（甲基）丙烯酰氧基乙基三甲基氯化铵、丙烯酰端基聚氧乙烯大单体、N,N'-亚甲基双丙烯酰胺（MBA）、乙二胺四乙酸及其钠盐、水溶性偶氮引发剂，使水相单体质量分数为30%～60%。

（3）将水相倒入已乳化的油相中，升温至35～50℃，通氮气鼓泡，加入相对单体总质量0.005%～0.1%的水溶性还原剂以及相对单体总质量0.005%～0.2%的水溶性氧化剂，并使水油体积比为（1：5）～（3：5），再通氮气鼓泡，2～6h后，冷至15～30℃出料，即得含聚氧乙烯支链交联阳离子聚丙烯酰胺微粒絮凝剂。

配制油相时，乳化剂的HLB值最佳为7.3～7.7。

产品应用 本品主要应用于各类悬浮固体物的固液分离，例如废水污泥脱水、纤维纸浆悬浮物助留等。

产品特性

（1）本品微粒的聚氧乙烯支链可以通过氢键很好地进行架桥，同时由于微粒的主体不是聚氧乙烯，所以具有类似于含聚氧乙烯支链聚丙烯酰胺"梳型"结构中的聚氧乙烯抗老化降解特性。

（2）本品微粒的粒径大小、阳离子电荷密度、聚氧乙烯支链长度和密度可通过改变聚合条件来进行调节，故可借助于静电中和作用和氢键架桥作用的协同效应，高效而经济地作为单组分絮凝体系使用，从而减少了操作上的困难，并具有抗剪切特性。与我国现在广泛应用的氢氧化铝微粒/阳离子淀粉双组分微粒体系相比，新型微粒絮凝剂对特种纸白水絮凝处理后上清液透光率增大4～12个百分点，絮状物沉降时间缩短20%～75%，且絮凝剪切前后上清液透光率和絮状物沉降时间基本保持不变，显示出良好的絮凝效果和抗剪切特性。这对于生态环境的保护以及各类固液分离过程的促进，具有显著的经济效益和社会效益。

配方 28
含疏水基团的阳离子型有机絮凝剂

原料配比

原料	配比（质量份）		
	1#	2#	3#
环氧氯丙烷	46.27	18.4	6.5
三乙胺	52	—	—
三正丁胺	—	37	—
三正辛胺	—	—	24.7
丙酮	10(体积份)	15(体积份)	15(体积份)

续表

原料	配比（质量份）		
	1#	2#	3#
丙烯酰胺	2.22	3.64	1.82
$K_2S_2O_8$	0.002	0.003	0.002
$NaHSO_3$引发剂	0.004	0.006	0.004

制备方法　称取环氧氯丙烷和三正丁胺、丙酮，于50℃条件下反应至下层出现大量油状物［反应（1）］，放置一段时间后析出无色片状晶体。取该晶体少量与少量丙烯酰胺，以水为反应介质在60～70℃条件下反应12h［反应（2）］，得到阳离子单体的水溶液。所得水溶液与剩余丙烯酰胺磁力搅拌，回流，通N_2，在60～70℃的条件下加入$K_2S_2O_8$和$NaHSO_3$引发剂进行聚合反应［反应（3）］，反应进行16h后冷却。将冷却后的溶液慢慢倒入一定量盛有甲醇的烧杯中，边倒边搅拌，产物完全倒入后，取上层液体滴入甲醇中，若没有白色絮状物即为提取完全。将提取得到的白色胶状物于培养皿中，置于真空干燥箱烘干（60℃，3h），研细后即得产品。

本品所有反应过程均在常压下进行，反应原料易得、合成步骤简单、副产物少、产率高。

本品改变了传统反应的顺序，先利用环氧氯丙烷分子上的活泼氯极容易与胺反应的性质，既去除了其他副反应产物，又解决了环氧氯丙烷在聚合反应中的干扰问题。

本品采用三种新的疏水基团引入到季铵盐结构中，生成新的阳离子结构。由于疏水基团的排斥作用，使絮凝剂在水中充分伸展，起到很好的网捕作用，$R=-C_8H_{17}$时，整个分子呈网状结构。

反应（1）的温度选择在50℃左右，时间以下层油状物析出为准。

反应（2）的温度控制在60～70℃之间，时间为10～12h，可以达到最佳产量。

反应（3）以无机过氧化物$K_2S_2O_8$作为引发剂，并使用$NaHSO_3$作为辅助的氧化还原引发剂，引发剂的用量为0.05% $K_2S_2O_8$和0.1% $NaHSO_3$时，产物达到最高黏度。

反应（3）的pH值在6.5～7.5之间，温度处于60～70℃之间，聚合反应的时间为24h的时候，达到最高产率，聚合物的性能达到最佳。

产品应用　本品主要应用于工业及生活废水处理。

产品特性　本品采用了一条较为新颖的合成路线，利用环氧氯丙烷上的活泼氯来引入不同链长的叔胺，引入新的疏水基团，合成季铵盐，再利用环氧氯丙烷的开环活性与丙烯酰胺接枝得到季铵盐单体。通过控制此季铵盐单体和丙烯酰胺单体的配比调节絮凝剂的阳离子度，从而得到具有不同疏水基团、不同阳离子度和特性黏度的阳离子型有机絮凝剂。由于疏水基团的排斥作用，使絮凝剂在水中充分伸展，起到很好的网捕作用。

配方 29
含油废水专用絮凝剂

原料配比

原料		配比（质量份）		
		1#	2#	3#
A	聚二甲基二烯丙基氯化铵	5	6	8
	水	10	10	20
B	聚丙烯酰胺	1	3	5
	水	10	10	20
C	水	50	60	40
	聚合氯化铝	10	20	30

制备方法

（1）A：将聚二甲基二烯丙基氯化铵溶解于水中，不停止搅拌，备用。

（2）B：将聚丙烯酰胺溶解于水中，不停止搅拌，备用。

（3）C：将剩余水加入反应容器中，并进行搅拌，然后再将聚合氯化铝投加到反应容器中，继续搅拌，30min后将已溶解好的聚二甲基二烯丙基氯化铵、聚丙烯酰胺溶液投加至反应容器中，再搅拌1h后即得成品。

产品应用
本品主要应用于油田水处理。

产品特性

（1）本品中使用的聚二甲基二烯丙基氯化铵是一种强阳离子聚电解质，对污水中大量含有的水包油乳化液具有很强的破乳絮凝能力，同时还具有很强的脱水能力。

（2）本品对于悬浮颗粒、较粗、浓度高、粒子带正电荷、pH为中性或碱性的污水，由于聚丙烯酰胺（APAM）分子链中含有一定量极性基能吸附水中悬浮的固体粒子，使粒子间架桥形成大的絮凝物，因此它加速了悬浮液中的粒子的沉降，有非常明显的加快溶液的澄清、促进过滤等效果。

（3）本品中使用的聚合氯化铝具有分子结构大、吸附能力强的特点，在水中溶解性好、活性高，在水体中凝聚形成的矾花大、沉降快，更利于絮凝。

（4）在含油废水，尤其是油田废水处理过程中，使用本品具有破乳能力，并能快速絮凝沉淀，絮凝颗粒大而紧，絮凝渣量少，便于过滤分离，处理水质清澈，各项指标达到二次注水和直接排放要求，并且成本较低。

配方 30
环型脒基高分子絮凝剂

原料配比

表1：丙烯酰胺-丙烯腈聚合物

原料	配比（质量份）		
	1#	2#	3#
丙烯酰胺	10	10	8
N-乙烯基甲酰胺	—	—	2
丙烯腈	10（体积份）	10（体积份）	10（体积份）
水	100（体积份）	100（体积份）	100（体积份）
0.5%的偶氮二异丁基脒盐酸盐水溶液	5（体积份）	—	5（体积份）
0.5%的过硫酸钾	—	3（体积份）	—
0.5%的亚硫酸氢钠	—	3（体积份）	—
丙酮	3倍	3倍	3倍

表2：乙烯胺-丙烯腈聚合物

原料	配比（质量份）	
	1#	2#
10%的丙烯酰胺-丙烯腈聚合物水溶液	10	10
有效氯含量为6%的次氯酸钠水溶液	30	—
有效溴含量为6%的次溴酸钠水溶液	—	30
10mol/L的氢氧化钠水溶液	100	100
10mol/L的盐酸	40	40
丙酮	3倍	3倍

表3：絮凝剂

原料	配比（质量份）		
	1#	2#	3#
乙烯胺-丙烯腈聚合物	5	5	5
水	40（体积份）	40（体积份）	40（体积份）
10mol/L的盐酸	10（体积份）	10（体积份）	10（体积份）
丙酮	3倍	3倍	3倍

制备方法

（1）在室温、N_2气氛下，按丙烯酰胺功能单体与丙烯腈的摩尔比为（0.1：1）～

（10：1）的量，将丙烯酰胺功能单体和丙烯腈混合，再加入 1～20 倍丙烯腈体积的水，搅拌均匀后，在 30～95℃下，滴加浓度为 0.01%～1% 的引发剂水溶液，引发剂的加入量为 0.001～0.01 倍丙烯腈的质量，10～30min 内滴完，滴完后继续反应 5～10h，反应结束后将反应液倒入 1～5 倍反应液体积的丙酮中，过滤，40～90℃下真空干燥，得白色丙烯酰胺-丙烯腈聚合物。

（2）在—20～0℃下，按丙烯酰胺-丙烯腈聚合物水溶液与次卤酸钠水溶液的体积比为（0.1：1）～（10：1），将两者混合均匀，丙烯酰胺-丙烯腈聚合物水溶液的浓度为 1%～50%，次卤酸钠水溶液的有效卤含量为 5%～10%，加入 1～50 倍次卤酸钠水溶液体积的氢氧化钠水溶液反应，氢氧化钠水溶液的浓度为 1～12mol/L，反应 1～2h 后，再在—5～5℃下继续反应 5～20h，反应结束后将反应液倒入 1～5 倍反应液体积的丙酮中，过滤，得淡黄色改性聚合物中间体。加水使该改性聚合物中间体溶解，加入 1～10 倍次卤酸钠水溶液体积的盐酸进行脱羧反应，并且用盐酸调节溶液的 pH 值为 1～4，盐酸的浓度为 1～12mol/L，将溶液倒入 1～5 倍溶液体积的丙酮中，过滤，40～90℃下真空干燥，得淡黄色乙烯胺-丙烯腈聚合物。

（3）在 20～50℃下，按乙烯胺-丙烯腈聚合物与水的质量比为（0.1：1）～（0.5：1）的量，将乙烯胺-丙烯腈聚合物与水混合，搅拌均匀后，在 50～100℃下，滴加 1～12mol/L 的盐酸，盐酸的加入量为 1～10 倍乙烯胺-丙烯腈聚合物的质量，10～30min 滴完，滴完后继续反应 5～10h，反应结束后将反应液倒入 1～5 倍反应液体积的丙酮中，过滤，40～90℃下真空干燥，得淡黄色环形脒基高分子絮凝剂。

原料介绍

所述丙烯酰胺功能单体为丙烯酰胺或丙烯酰胺与 N-乙烯基甲酰胺两者的组合。

所述引发剂为偶氮二异丁基脒盐酸盐、过硫酸钾、过硫酸钠、过硫酸铵、亚硫酸钠、亚硫酸氢钠、硫代硫酸钠中的一种或多种的组合。

所述次卤酸钠为次氯酸钠或次溴酸钠。

产品应用
本品主要应用于油田含油废水处理，以及造纸、油墨、污泥脱水等领域。

产品特性
本品合成原料易得，反应过程温和，对油田废水中乳化的原油有高效的絮凝作用。该絮凝剂含有氨基、氰基、铵基、酰氨基、脒基等活性基团，可通过吸附架桥使胶体粒子体积增大而实现沉降。该絮凝剂含有高阳离子电荷密度的五元环和六元环形脒基，可通过吸附、电中和等使胶体粒子脱稳而实现沉降。该絮凝剂分子量高，特性黏度大，可通过吸附卷带与胶体颗粒共沉。该絮凝剂复配、配伍性好，可与聚合氯化铝、聚合硫酸铁等无机絮凝剂复配使用。

配方 31
季铵盐阳离子型有机高分子絮凝剂

原料配比

原料	配比(质量份)							
	1#	2#	3#	4#	5#	6#	7#	8#
二甲胺	50	5	45	40	30	10	25	15
尿素	2	45	30	10	5	1	20	40
环氧氯丙烷	20	30	35	60	40	60	25	35
水	1	10	20	40	30	5	7	15
催化剂	1	2	5	5	4	3	1	5
交联剂	8	—	3	8	2	2	5	2

制备方法

（1）在 50～60℃ 条件下往反应器中按所述质量份依次加入尿素、二甲胺、催化剂、水，搅拌至尿素完全溶解并混合均匀。

（2）往反应体系中滴加环氧氯丙烷，滴加完毕后，将反应体系的温度缓慢升至 75～95℃。

（3）加入交联剂，反应 4～7h 后冷却至室温，得到淡黄色的含有季铵基团的有机高分子聚合物液体产品。

（4）将所得产物用丙酮-无水乙醇提纯，在 85℃ 烘干，即得到淡黄色的有机高分子聚合物粉末状产品。

步骤（4）中丙酮-无水乙醇的体积比为（1∶1）～（1∶5）。

原料介绍

所述的催化剂为氢氧化钠、氢氧化钾、碳酸钠、碳酸钾其中的一种或几种的混合物。

所述的交联剂为 1,2-乙二胺、1,3-丙二胺、1,4-丁二胺、1,5-戊二胺、1,6-已二胺其中的一种或几种的混合物。

产品应用　本品主要应用于处理制浆造纸废水、印染废水、含活性基团的有机废水。

产品特性

（1）在废水处理中投药量小，该絮凝剂的加入量仅为 1.0～100mg/L。

（2）所含季铵基团可以作为絮凝剂用于降低废水的 COD_{Cr} 值，亦可作为脱色剂用于高色度废水中以降低水体色度。

（3）废水处理效果理想，经处理后的废水 COD_{Cr} 可降低 66%～86%，色度可降低 95%～100%。

（4）产品稳定性好，无毒，使用不受季节和区域限制，便于运输和储存。

（5）生产工艺简单，反应条件温和，生产原料易得，生产周期短，所需设备为常规设备，易于现有化工厂生产。

配方 32
降 COD 脱色絮凝剂

原料配比

原料	配比（质量份）
二乙烯三胺①	5～10
环氧氯丙烷	15～30
结晶氯化铝①	5
水	10
二乙烯三胺②	5
结晶氯化铝②	10
氯酸钠	15

制备方法　先将二乙烯三胺①、环氧氯丙烷、结晶氯化铝①和水混合，在（45±2）℃的温度条件下反应；待温度平稳后加入二乙烯三胺②和结晶氯化铝②，在（50±2）℃温度条件下反应 3h，然后升温到（60±5）℃保温 3h；降温到 35℃后加入氯酸钠，搅拌升温到 45℃至反应结束，出料。

产品应用　本品主要应用于染料、印染、造纸、精制的废水处理。

产品特性　本品是二乙烯三胺和环氧氯丙烷及铝盐的缩合物和氯酸钠生成的络合物，形成的产品除了具备现有技术产品对废水中有机物带色基团相互反应生成大分子絮凝体，达到脱色功能外，还兼备降 COD 的功能，可对水中单体有机分子破坏碳链，达到降低废水中 COD 的目的，而且本身对水体不产生二次污染，可使废水中的 pH 值控制在 6～10.5。

配方 33
降低涂料废水中COD高分子有机絮凝剂

原料配比

表 1：精制的苄基三乙基氯化铵阳离子单体

原料	配比（质量份）
提纯后的苄基三乙基氯化铵	10

续表

原料	配比（质量份）
水	50（体积份）
3％的乙酸溶液	1～5（体积份）
8％的三氯化铝溶液	1～5（体积份）
0.1mol/L 碳酸丙烯酯	过量

表2：有机絮凝剂

原料	配比（质量份）
精制的苄基三乙基氯化铵阳离子单体	7
水	80（体积份）

制备方法

（1）将粗制的苄基三乙基氯化铵在碱性（NaOH）环境中进行减压蒸馏，控制馏出液的 pH＝7.0～7.5，过滤，并用活性炭吸附，过滤，脱色。

（2）取提纯后的苄基三乙基氯化铵，置于锥形瓶中，加水稀释，加入3％的乙酸溶液及8％的三氯化铝溶液，pH 值控制在5.0～5.5，水浴温度控制在65～75℃，滴加过量的0.1mol/L 的碳酸丙烯酯溶液，不断摇动锥形瓶，使沉淀反应均匀，冷却至室温，12h后，将沉淀进行减压抽滤，真空干燥沉淀至恒重，并测定其含量。

（3）将精制的苄基三乙基氯化铵阳离子单体、添加剂、水，装入250mL 的四颈烧瓶中，反复抽真空3次，并采用氮气保护装置，不断搅拌。

（4）当温度升到45℃时，将预先混合的丙二酸二乙酯、引发剂通过恒压滴液漏斗连续稳定地滴入烧瓶中，反应2h后，升温至80℃，继续反应5～7h，直到烧瓶中的液体黏稠，冷却至室温，出料。

（5）用 N,N-二甲基甲酰胺沉淀该聚合产品，真空干燥沉淀物至恒重即可。

产品应用

本品主要应用于废水处理。

产品特性

（1）适用于阴阳离子共存的污染体系。

（2）适用的 pH 值范围宽，抗盐性好，适用于不同污染程度的污水，絮凝效果极佳，可较好地去除废水中的悬浮物，有效地降低废水中的 COD 含量，其对废水中 COD 的去除率高达89.5％以上。

配方 34
聚多胺环氧絮凝剂

原料配比

原料	配比（质量份）
己二胺残渣	400

续表

原料	配比（质量份）
环氧氯丙烷	138
30%的氢氧化钠	20
30%的硫酸	40
亚硫酸钠	2
水	400

制备方法

(1) 将己二胺残渣粉碎至 0.5mm 颗粒，密封避光备用。

(2) 将定量的己二胺残渣颗粒原料投入反应釜内，加定量水，在 65～75℃ 水浴上加热至完全溶解后启动搅拌，搅拌速度为 200r/min，搅拌 10～15min。

(3) 以 2mL/min 的速度滴加定量的 30%的氢氧化钠，同时搅拌 3～5min。

(4) 将温控水浴的温度升至 75～80℃，以 2mL/min 速度滴加定量的环氧氯丙烷，之后以 200r/min 速度搅拌 20min，同时将水浴温度升至 85～90℃。

(5) 在 3～6min 内将水浴温度降至 25℃，同时滴加定量的浓度为 30%的硫酸，至 pH 值为 8.5～9。

(6) 再将水浴温度升至 40～45℃，搅拌 20min，之后加入定量亚硫酸钠，继续搅拌 40min 后，用 100 目筛板过滤，得制成品，制成品为橘红色透明黏稠物。

产品应用
本品适用于医药、化工、造纸、印染等行业的污水处理。

产品特性
本品原料易得、配比科学、工艺简单、成本低廉、无毒、废水处理综合性能高，同时有效利用工业下脚料己二胺残渣，具有显著的经济效益和社会效益。

配方 35
聚环氧氯丙烷-二甲胺有机高分子絮凝剂

原料配比

原料	配比（质量份）
33%的二甲胺溶液	89～91
环氧氯丙烷	73～75
1,6-己二胺交联剂	4.3～4.5

制备方法

(1) 取质量分数为 33%的二甲胺溶液，置于 150mL 三颈圆底烧瓶中，将烧瓶放在冰水浴锅中冷却，使二甲胺溶液降温到10℃以下。

（2）将环氧氯丙烷加入分液漏斗，打开回流冷凝器的冷却水，在搅拌的情况下，用1～2h将环氧氯丙烷滴加到冷的二甲胺溶液中，使反应器内的温度控制在10～20℃。

（3）滴加完毕后，再搅拌30min，使反应器内的温度再次降到10℃以下。

（4）最后加入1,6-己二胺交联剂，恒温在60～75℃，反应5h后停止，制备出聚环氧氯丙烷-二甲胺有机高分子絮凝剂成品。

产品应用　本品主要应用于纺织印染处理。

产品特性　本品具有生产工艺简捷、经济、适用等特点。

配方 36
壳聚糖包覆铝矾土印染废水絮凝剂

原料配比

原料	配比（质量份）	
	1#	2#
壳聚糖	10	10
1%的盐酸溶液	200（体积份）	200（体积份）
天然铝矾土	100	150

制备方法　首先将壳聚糖溶入1%盐酸溶液充分搅拌，制成5%的壳聚糖盐酸溶液，天然铝矾土研磨后过200目筛，600℃焙烧1h；然后逐渐将焙烧后的铝矾土加入到壳聚糖盐酸溶液中，边加入边充分搅拌，置于恒温干燥箱105℃干燥或用微波干燥，研磨成粉末状，即制备而成。

所述的壳聚糖包覆铝矾土印染废水絮凝剂制备方法，其絮凝剂吸附染料后在500℃条件下焙烧40min，去除染料、壳聚糖有机物后，铝矾土用壳聚糖重新进行包覆制备絮凝剂，实现了对铝矾土的重复利用。

产品应用　本品主要应用于印染废水处理。

产品特性

（1）制备絮凝剂的原材料来源于自然，储量丰富，且铝矾土可重复使用，成本低廉。

（2）制备工艺简单，使用方便，对活性染料、还原性染料、分散染料、直接染料和硫化染料等都有较好的脱色效果。同时，絮体沉降快、结实、污泥量少，具有经济、高效、无二次污染、对环境友好等特点。

配方 37
壳聚糖类高效絮凝剂

原料配比

原料	配比(质量份)		
	1#	2#	3#
壳聚糖	1	2	1.5
戊二醛交联剂	3	5	4
尿素	1	1	1
硫酸铝	1.5	3	2
双氰胺与尿素混合物改性剂	3	3	3

制备方法

（1）壳聚糖及其衍生物的预处理：将壳聚糖及其衍生物溶于 pH＝5 的乙酸溶液中，搅拌均匀，加碱至 pH＝9 使壳聚糖析出，抽滤备用。

（2）高效絮凝剂的制备：先取上述经预处理的壳聚糖及其衍生物 1～2 份、交联剂 3～5 份、尿素 1 份、硫酸铝 1.5～3 份于四颈烧瓶中，搅拌，在 60～80℃水浴中预反应 0.5～1h；然后加入双氰胺与尿素混合物改性剂 3～8 份，继续反应 2～4h，得到尿素-壳聚糖-双氰胺类复合絮凝剂。

（3）产物的纯化：待反应完成后，将产物用丙酮析出，抽滤，然后用乙醇洗涤产物，抽滤后于 90℃烘箱中烘干备用。

原料介绍 所述壳聚糖及其衍生物为壳聚糖、羧甲基壳聚糖、O-羟丙基三甲基氯化铵壳聚糖、O-羟乙基壳聚糖或 O-壳聚糖硫酸酯。

所述交联剂为乙二醛或戊二醛。

所述改性剂为双氰胺与尿素的混合物，二者摩尔比为（0.7：0.3）～（0.8：0.2）。

（1）壳聚糖及其衍生物为高分子絮凝剂，对杂质的吸附架桥作用显著，改性后水溶性加强，应用方便，对印染废水的脱色及絮凝效果好。

（2）引入的双氰胺及尿素含有较多的氨基或亚氨基，使壳聚糖大分子链的正电性加强，有利于对带负电的杂质进行电中和作用。同时，大量的氨基和亚氨基有助于絮凝剂与杂质间形成氢键，提高范德华力，改善絮凝效果。

（3）以戊二醛等作交联剂可以在一定程度上增加分子链长度，有利于加强吸附架桥作用。

（4）部分尿素替代双氰胺可以降低成本，有利于工业化生产。

产品应用 本品主要应用于印染废水的脱色和絮凝处理。

产品特性　本品采用双氰胺与尿素混合物作为改性剂，制备壳聚糖-尿素-双氰胺类复合絮凝剂，不仅可以降低成本，有利于工业化生产，而且增加壳聚糖活性基团种类，更加适合于含复杂污染物离子的印染废水的处理，对印染废水的脱色及其他杂质的去除有良好的效果。

配方 38
壳聚糖水处理絮凝剂

原料配比

原料	配比（质量份）			
	1#	2#	3#	4#
蟹壳	10.1	5.5	—	—
虾壳	—	—	5	5
6%的盐酸	150（体积份）	—	50（体积份）	50（体积份）
4%的盐酸	—	82.5（体积份）	—	—
脱无机盐产物	3.2	1.7	2.9	2.7
5%的氢氧化钠溶液	32（体积份）	—	—	—
10%的氢氧化钠溶液	—	25（体积份）	—	—
4%的氢氧化钠溶液	—	—	30	30（体积份）
甲壳素产物	2	1.1	0.93	1
50%的氢氧化钠溶液	10（体积份）	—	—	—
55%的氢氧化钠溶液	—	10（体积份）	—	—
45%的氢氧化钠溶液	—	—	5（体积份）	5（体积份）

制备方法

（1）使虾蟹壳脱去无机盐：在虾蟹壳中加入盐酸，盐酸的浓度为 4%～6%（质量分数），投加比例为 1g 虾蟹壳加入 10～15mL 盐酸，在室温下反应 2.5～15h，用盐酸控制 pH 值小于 4。

（2）反应结束后，将反应体系进行固液分离，将分离后的固相冲洗至中性，烘干得到脱无机盐产物。

（3）使虾蟹壳脱去蛋白质：在脱无机盐产物中加入氢氧化钠溶液，氢氧化钠溶液的浓度为 4%～10%（质量分数），投加比例是 1g 脱无机盐产物加入 10～15mL 氢氧化钠溶液，在 85～95℃下反应 1～4h，搅拌速度为 50～90r/min。

（4）反应结束后，将反应体系进行固液分离，将分离后的固相冲洗至中性，烘干得到甲壳素产物。

（5）脱去乙酰基：在甲壳素产物中加入浓氢氧化钠溶液，浓氢氧化钠的浓度为 45%～55%（质量分数），投加比例为 1g 甲壳素产物加入 5～10mL 浓氢氧化钠溶液，在 50～115℃温度下反应 2～16h。

（6）反应结束后，将反应体系进行固液分离，将分离后的固相冲洗至中性，烘干得到的固体颗粒即为壳聚糖水处理絮凝剂产品。该产品为片状半透明固体，有少量珍珠光泽。

产品应用 本品可用于对低浊度地表水、高浊度地表水、生活污水及多种染料废水的处理。

产品特性 本品原料来源广泛，充分利用了水产品加工业的废弃物虾蟹壳，有利于降低成本和保护环境；工艺简单，所用设备均为常规化工设备，反应条件为常压，加热条件容易实现，生产周期短；产品为天然有机高分子化合物，无不良反应，容易生物降解，对环境友好。

配方 39
快速沉降型絮凝剂

原料配比

原料	配比（质量份）			
	1#	2#	3#	4#
聚丙烯酰胺胶体	500	500	500	500
硅酸钠	10	5	—	—
硅酸铝	—	—	10	—
硅酸钾	—	—	—	8
石英砂	10	15	5	20
尿素	1	2	5	8
碳酸钠	1	—	—	—
碳酸铵	—	0.5	—	—
碳酸氢钠	—	—	0.2	—
碳酸氢铵	—	—	—	5

制备方法

（1）聚丙烯酰胺胶体的制备：将浓度为 10%～50% 的丙烯酰胺单体水溶液通氮气脱氧，加入引发剂，在 20～50℃下聚合 0.5～4h，得到聚丙烯酰胺胶体。

将丙烯酰胺单体配制成浓度为 10%～50% 的水溶液，最好是 15%～30%。引发剂采用氧化-还原引发体系，如 $K_2S_2O_8$-$NaHSO_3$、$(NH_4)_2S_2O_8$-$NaHSO_3$ 等，或水溶性偶氮类引发剂，如 N,N-二羟基乙基偶氮二异丁脒盐酸盐。引发剂用量为丙烯酰胺单体质量的 0.01%～0.5%，聚合时间为 2～4h。

（2）将步骤（1）得到的聚丙烯酰胺胶体与硅酸盐、石英砂、尿素、碳酸盐等混合，用捏合机捏合。捏合温度为 50～150℃，最好是 80～130℃，捏合时间 1～6h。

（3）将捏合机捏合后的物料采用造粒机造粒成直径为 0.5～4mm 的小颗粒胶体，最好是 0.5～2mm。

（4）将上述小颗粒胶体在 60～95℃热风下干燥，干燥时间为 0.5～5h。

（5）将干燥后的小颗粒胶体通过粉碎机粉碎，用 60 目筛网过筛得到粉剂产品。

原料介绍 聚丙烯酰胺可以是阴离子型，也可以是非离子型，分子量应在 1000 万～1600 万。

硅酸盐可以是硅酸钠、硅酸钾、硅酸铝等。

碳酸盐为水溶性碳酸盐，如碳酸钠、碳酸氢钠、碳酸铵、碳酸氢铵、碳酸钾等。

石英砂的粒度为 100 目以下。

产品应用 本品适用于高浊度污水的处理。

产品特性 本品采用氧化-还原引发体系，降低了引发聚合的温度，能够获得高分子量不交联的聚丙烯酰胺胶体。在捏合机捏合时加入了助剂，减缓了捏合时聚丙烯酰胺的降解，防止了该絮凝剂在干燥过程中的降解和交联。同时，促进了该絮凝剂在水中的溶解速度。加入硅酸盐、石英砂等助剂，可使在水处理过程中能形成大而密实的絮团，并且快速沉降。

配方 40
可去除污水中磷的两性高分子絮凝剂

原料配比

原料	配比（质量份）				
	1#	2#	3#	4#	5#
沸点 200～380℃的石蜡溶剂油	125	125	125	125	18
丙烯酰胺	92	92	92	92	11
甲基丙烯酰胺	—	—	6	—	1.7
N-十八烷基丙烯酰胺	6	—	—	6	—
N-十六烷基丙烯酰胺	—	6	—	—	0.3
羟甲基丙烯酰胺	12	12	12	12	—
甲基丙烯酸	10	—	—	—	0.8

续表

原料	配比（质量份）				
	1#	2#	3#	4#	5#
丙烯酸	—	10	10	10	—
甲基丙烯羟肟酸	—	4	—	—	—
甲基丁烯羟肟酸	—	—	4	—	—
3-丙烯基丙磺酸	6	—	—	—	—
乙烯苯磺酸	—	—	2	—	—
丁烯羟肟酸	—	—	—	4	—
丁烯酸	—	—	—	—	0.2
丙烯酰胺-2-丙基磺酸	—	—	—	—	0.5
2-甲基丙烯酰氨基-2-甲基丙基磺酸	—	—	—	2	—
2-丙烯酰氨-2-甲基丙基磺酸	—	2	—	—	—
丙烯酰氧乙基三甲基氯化铵	30	—	—	—	—
甲基丙烯酰氧乙基三甲基氯化铵	10	18	—	—	5
丙烯酰氧丙基三甲基氯化铵	18	—	—	18	—
甲基丙烯酰氧丁基三甲基氯化铵	—	10	—	10	—
甲基丙烯酰氧丙基三甲基氯化铵	—	—	18	—	—
甲基丙烯酰氧戊基三甲基氯化铵	—	—	—	10	—
丙烯酰氧-2-羟基丙基三甲基氯化铵	—	—	—	—	1
二甲基二丙烯基氯化铵	2	2	2	2	—
2-甲基丙烯酰氨基乙醇乙酯	—	—	1	—	100
丙烯酸丁酯	1	—	—	1	100
丙烯酸辛酯	—	1	—	—	—
丙烯酸-2-羟基丙酯	3	—	—	3	100
甲基丙烯酸-2-羟基丙酯	—	—	3	—	—
丙烯酸-2-甲基氨基丙酯	—	3	—	—	—
丙烯酸十六烷酯	1	—	—	—	—
丙烯酸十二烷酯	—	1	1	—	—
甲基丙烯酸十二烷酯	—	—	—	1	—
EDTA 钠盐	0.2	0.2	0.2	0.2	30
水	120	120	120	120	18
斯潘 80	—	—	—	—	1000
斯潘 85	—	—	—	—	250
PEG	—	—	—	—	200

制备方法 将丙烯酰胺类水溶液和有机盐混合后加入到乳化剂和溶剂油构成的油相体系中，通氮气除氧，高速乳化机乳化后加引发剂聚合，控制体系温度为20～80℃，反应时间为3h。

原料介绍 所述丙烯酰胺衍生物可为甲基丙烯酰胺、羟甲基丙烯酰胺、低烷基丙烯酰胺或低烷基甲基丙烯酰胺等。

所述羧酸类化合物可为丙烯酸、甲基丙烯酸、丁烯酸、甲基丁烯酸、丁烯二酸、戊烯酸、戊烯二酸、己烯酸或己烯二酸，或者它们的钾、钠或铵盐类单体。

所述磺酸类化合物可为16-丙烯酰氨基十六烷磺酸、12-丙烯酰氨基十二烷磺酸、10-丙烯酰氨基癸烷磺酸、8-丙烯酰氨基辛烷磺酸、6-丙烯酰氨基己烷磺酸、2-丙烯酰氨基-2-甲基丙基磺酸、2-甲基丙烯酰氨基-2-甲基丙基磺酸、乙烯苯磺酸、3-丙烯酸基-2-羟基丙基磺酸、3-丙烯基丙磺酸或3-甲基丙烯酸丙磺酸，或者它们的钾、钠或铵盐。

所述羟肟酸类化合物可为丙烯羟肟酸、甲基丙烯羟肟酸、丁烯羟肟酸、甲基丁烯羟肟酸、丁烯二羟肟酸、戊烯羟肟酸、戊烯二羟肟酸、己烯羟肟酸或己烯二羟肟酸。

所述季铵盐或为甲基丙烯酰氧乙基三甲基氯化铵、丙烯酰氧丙基三甲基氯化铵、丙烯酰氧-2-羟基丙基三甲基氯化铵、丙烯酰氧丁基三甲基氯化铵、甲基丙烯酰氧丁基三甲基氯化铵、甲基丙烯酰氧戊基三甲基氯化铵或二甲基二丙烯基氯化铵。

所述含硫、含氧和含氨基的酯类化合物可为2-丙烯酰氨基乙醇酸乙酯、2-甲基丙烯酰氨基乙醇乙酯、丙烯酸-2-羟基丙酯、甲基丙烯酸-2-羟基丙酯、丙烯酸丙酯、甲基丙烯酸丙酯、丙烯酸丁酯、甲基丙烯酸丁酯、甲基丙烯酸辛酯、丙烯酸辛酯、丙烯酸十二烷酯、甲基丙烯酸十二烷酯、丙烯酸十六烷酯、甲基丙烯酸十六烷酯等。

为了能合成出高分子量的、能去除磷的高效絮凝剂，首先要制备出高稳定性的反相单体乳液，反应过程中要控制反应温度不能超过80℃，避免出现爆聚。

所述引发体系为氧化/还原/偶氮体系，氧化剂为过硫酸盐，还原剂为偏亚硫酸盐，偶氮为水溶性的脒基盐酸盐。

产品应用 本品主要应用于各种含磷工业污水、生活污水的前处理和后处理。

产品特性 本品可去除的污水中磷的两性型高分子絮凝剂的官能团中，既有絮凝效果比较好的—$CONH_2$、—$COOM$、—SO_3M（M为钠、钾和氨）等基团，又有对PO_4^{3-}具有很好配合作用的—N—$(CH_3)X^-$（X^-为卤素离子）基团。与此同时，还设计有亲水基团和亲油基团，这样形成对带正电荷、负电荷的离子和亲油、亲水的物质具有较强的吸附能力，使它不仅具备去除PO_4^{3-}的能力，还具备去除含磷的亲油和亲水有机物的能力，也就是说，对总磷的去除效果比较明显。

本品不仅可以有效去除污水中的有机磷和无机磷，减少磷的排放，而且还适用于各类污水的脱色、脱 COD_{Cr}、脱油等。

配方 41
可吸附重金属离子的污水絮凝剂

原料配比

表 1：交联淀粉

原料	配比（质量份）
淀粉	400
环氧氯丙烷	32（体积份）
1%的氯化钠水溶液	600（体积份）
15%的氢氧化钠	160（体积份）

表 2：絮凝剂

原料	配比（质量份）
交联淀粉	40
水	180（体积份）
丙烯腈	50
1%的氢氧化钠	250（体积份）

制备方法

（1）将淀粉、环氧氯丙烷、氯化钠投入反应容器中，搅拌成浆液后，慢慢加入 15%氢氧化钠混合后，搅拌 4～6h，再用 2%的盐酸调节 pH 值为 6.5，抽滤，干燥得交联淀粉。

（2）将交联淀粉加入反应器中，再加入水搅拌成浆液，通氮气 8～12min，加入引发剂和硝酸铈铵搅拌，然后加入丙烯腈反应 1～1.5h，加入 1%的氢氧化钠，调节温度至 55～70℃，再搅拌 1～2h 冷却至室温，最后用 2%～4%的盐酸调节 pH 值为 6.5，过滤，洗涤干燥即为成品。

产品应用
本品主要应用于污水处理。

产品特性
本品价格低廉、使用方便，可迅速地吸附、絮凝污水中的杂质、污染物，尤其是重金属离子，形成大的絮凝物迅速下沉，从而使污水得到净化。

配方 42
高效脱色絮凝剂

原料配比

原料	配比（质量份）				
	1#	2#	3#	4#	5#
表氯醇	10	10	10	10	10
二甲胺	15	—	15	15	—
乙二胺	—	3	—	—	—
异丙醇	1.5	5	—	1.5	1.5
二乙基羟胺	—	—	—	—	10
乙醇	—	—	3	—	—
甲醛	20	24	—	—	20
丙烯醛	—	8	—	—	—
苯甲醛	—	—	—	18	—
引发剂	微量	微量	微量	微量	微量
双氰胺	10	10	10	10	10
丙烯酰胺	10	—	8	10	—
二甲基烯丙基氯化铵	—	—	—	—	7
反应终止剂	0.5mol	0.5mol	0.3mol	0.5mol	0.4mol
水	35	35	50	39	44

制备方法

（1）将分子量调节剂、甲醛和引发剂混合均匀后，与有机胺反应得到中间体1。

（2）将表氯醇和有机胺反应得到中间体2。

（3）将步骤（1）得到的中间体1，步骤（2）得到的中间体2与有机胺、终止剂反应得到中间体3。

（4）将步骤（3）得到的中间体3加水得到产品。

原料介绍

所述的分子量调节剂为异丙醇、乙醇、乙二醇中的一种。

所述的有机胺为二甲胺、双氰胺、乙二胺、丙烯酰胺、二甲基烯丙基氯化铵、二乙基羟胺中的一种。

所述的引发剂为过氧化物。

所述的醛类包括甲醛、丙烯醛、苯甲醛中的一种。

所述的表氯醇为环氧氯丙烷。

所述的终止剂为还氧剂。

◀ 产品应用 ▶　本品主要应用于高浓度有机物、高色度、难降解的污废水处理。

本品进行污水处理时，包括如下步骤：

（1）将絮凝剂 1 份用水 5～20 份搅拌稀释。

（2）将稀释后的絮凝剂按 20～300mg/L 的剂量与经调节池调节的废水混合搅拌，并在沉淀池内沉淀。

（3）将沉淀后的清水经过滤器进入清液池，沉淀后的污泥进入污泥脱水池进行脱水。

（4）脱水后的清液进入清液池，剩余污泥杂质焚烧填埋。

所述的经调节池调节是将不同车间、不同来源的废水水质混合均匀，不同时间段水量调节均衡，并经酸碱调节废水的 pH 值到需要的范围内。

◀ 产品特性 ▶　本品制备工艺流程顺畅，生产装置简单，合成工艺安全可靠，操控能力强，合成温度适中，生产操作方便，产品的分子量控制在合理的范围之内，收率提高，并提高了对印染、造纸的高浓度、高色度有机废水的处理效果，可应用于高浓度有机物、高色度、难降解的污废水，具有成本低、容易操作、占地面积少、产品性能稳定、运行管理方便、使用方便、使用成本低的特点，可与气浮、沉降等分离设备配合，也可与高分子助剂等配合使用。

配方 43
利用秸秆制备生态型复合絮凝剂

◀ 原料配比 ▶

原料	配比(质量份)			
	1#	2#	3#	4#
秸秆粉末	1.5	0.5	3	2
氢氧化钠溶液	20(体积份)	50(体积份)	40(体积份)	40(体积份)
氯乙酸溶液	25(体积份)	50(体积份)	35(体积份)	35(体积份)
三氯化铝溶液	25(体积份)	25(体积份)	25(体积份)	25(体积份)

◀ 制备方法 ▶

（1）称取秸秆粉末于 250mL 烧杯中，配制 17%～25%氢氧化钠溶液，缓缓将氢氧化钠溶液加入烧杯中，在磁力搅拌器上搅拌均匀，于 20～40℃温度条件下进行碱化，时间为 50～60min。

（2）配制浓度为 10%～14%的氯乙酸溶液，在步骤（1）反应液中加入氯乙酸溶液，搅拌均匀，于 70～80℃ 温度条件下进行醚化，时间为 40～55min。

（3）配制浓度为 30%～65% 的无机铝盐溶液，溶剂为硫酸铝、氯化铝或硝酸铝，在经过碱化和醚化的反应液中加入此无机铝盐溶液，搅拌均匀，温度条件控制在 40～90℃，进行复合反应，反应时间为 1～9h，得灰褐色液体产品，即产品絮凝剂。

产品应用 本品主要应用于多种工业废水和生活废水的处理。

产品特性

（1）絮凝效果好。本品絮凝效果相当于普通无机铝盐的 1～2 倍。

（2）适用范围广。本品适用于多种工业废水和生活废水，甚至给水工业用水，并可通过调整配方比例，进一步扩大使用范围。

（3）生态安全性。本品是由秸秆和无机铝盐制得的高分子复合絮凝剂，秸秆改性后的产品与无机铝盐复合，改变了铝离子的结合形式，使活性铝的浓度大大降低，铝盐离子催化水体中微小有机污染物产生自由基的概率大大降低，最大限度地降低甚至消除了铝盐毒性。

（4）无二次污染。本品采用秸秆为原料，絮凝剂残留物很容易被环境中的微生物降解，不存在二次污染问题。

（5）制备方法简单。本品生产方法对设备要求不高，反应条件温和，易于放大后实现工业化生产。

配方 44
两性接枝改性淀粉絮凝剂

原料配比

原料	配比（质量份）					
	1#	2#	3#	4#	5#	6#
淀粉	5	5	5	5	5	5
水	100（体积份）	100（体积份）	100（体积份）	100（体积份）	100（体积份）	100（体积份）
甲基丙烯酸	3.5	—	—	—	—	—
丙烯酸	—	0.25	—	—	—	—
甲基丙烯酸二甲氨基乙酯	—	—	15	—	—	—
乙烯基苯磺酸盐	—	—	—	5	—	—
乙烯基磺酸盐	—	—	—	—	10	—
2-丙烯酰氨基-2-甲基丙磺酸	—	—	—	—	—	5
引发剂	9（体积份）	9（体积份）	9（体积份）	9（体积份）	9（体积份）	9（体积份）
阳离子单体	5	0.25	5	15	25	5

制备方法

（1）在带有搅拌器与回流冷凝管的反应装置中加入淀粉、水，通氮气，加热糊化后冷却到室温。

（2）在反应装置中加入 0.05～5 倍淀粉质量的丙烯酸类或乙烯基磺酸单体，搅拌后再加入引发剂，调节溶液 pH 值为 7.5～8.5，保温反应 1～2h。

（3）按与步骤（2）相同的方法加入 0.05～5 倍淀粉质量的阳离子单体，同时补加引发剂，保温反应 2～4h 后获得两性接枝改性淀粉絮凝剂。

（4）反应结束后，降至室温，水洗、干燥得到两性淀粉接枝改性絮凝剂。

所述引发剂为过硫酸钾、亚硫酸氢钠或两者的混合物，浓度为 4.4～6.5mmol/L。

所述的引发剂浓度为丙烯酸类或乙烯基磺酸单体浓度和阳离子单体浓度总量的 0.5%～2%。

所述的加热糊化温度为 80～95℃。

步骤（2）和步骤（3）中，所述的丙烯酸类或乙烯基磺酸单体浓度和阳离子单体浓度为 0.25～0.65mol/L。

步骤（2）和步骤（3）所述的保温反应温度为 55～65℃。

原料介绍

所述的丙烯酸类单体为丙烯酸、甲基丙烯酸或甲基丙烯酸二甲氨基乙酯。

所述的乙烯基磺酸单体为乙烯基苯磺酸盐、乙烯基磺酸盐或 2-丙烯酰氨基-2-甲基丙磺酸。

所述的阳离子单体为乙烯基季铵盐类单体，包括二甲基二烯丙基氯化铵或丙烯酰氧乙基三甲基氯化铵。

产品应用

本品可广泛应用在石油、煤炭、污水处理、污泥脱水、造纸等行业。

产品特性

本品不仅具有混凝、絮凝作用，而且还具有脱色效果。此外，本品的制备方法也具有简单、生产率高等优点。

配方 45
两性型或阳离子型高分子絮凝剂

原料配比

原料	配比（质量份）						
	1#	2#	3#	4#	5#	6#	7#
水	23.75	22.5	20	20	22.5	20	15
丙烯酰胺	1.1875	2.125	—	—	2	2	2

续表

原料	配比(质量份)						
	1#	2#	3#	4#	5#	6#	7#
甲基丙烯酰胺	—	—	2.5	—	—	—	—
N,N-二甲基丙烯酰胺	—	—	—	3	—	—	—
丙烯酸吗啉乙酯盐酸盐	0.0375	—	2.25	—	—	—	8
丙烯酸吗啉乙酯甲基季铵盐	—	0.225	—	—	—	—	—
丙烯酸吗啉丙酯乙基季铵盐	—	—	—	1	—	—	—
丙烯酸吗啉乙酯苄基季铵盐	—	—	—	—	0.5	—	—
丙烯酸吗啉乙酯乙基季铵盐	—	—	—	—	—	3	—
丙烯酸	0.025	0.025	—	1	—	—	—
2-丙烯酰氨基-2-甲基丙磺酸	—	—	0.25	—	—	—	—
过硫酸钾	1.875×10^{-4}	—	0.832×10^{-4}	—	—	—	—
亚硫酸钠	0.855×10^{-4}	0.095×10^{-4}	0.18×10^{-4}	—	—	0.285×10^{-4}	0.285×10^{-4}
过硫酸铵	—	0.208×10^{-4}	—	—	—	0.625×10^{-4}	0.625×10^{-4}
偶氮二异庚腈	—	—	—	1×10^{-2}	—	—	—
过氧化二苯甲酰	—	—	—	—	5×10^{-3}	—	—

原料	配比(质量份)					
	8#	9#	10#	11#	12#	13#
水	22.5	20	20	23.75	23.75	20
丙烯酰胺	0.5	4.75	1	1.1875	1.1875	4.75
丙烯酸吗啉乙酯盐酸盐	0.125	0.25	—	0.0375	0.0375	0.25
丙烯酸吗啉丁酯甲基季铵盐	—	—	0.25	—	—	—
丙烯酸	—	—	—	0.025	0.025	—
甲基丙烯酸	—	—	3.75	—	—	—
2-丙烯酰氨基-2-甲基丙磺酸	1.875	—	—	—	—	—
高锰酸钾	—	—	2.5×10^{-4}	—	—	—
草酸	—	—	1.425×10^{-4}	—	—	—
过硫酸铵	—	—	—	0.375×10^{-4}	1.875×10^{-4}	2.5×10^{-4}

原料	配比（质量份）					
	8#	9#	10#	11#	12#	13#
亚硫酸钠	—	—	—	0.875×10^{-4}	4.375×10^{-4}	—
偶氮二异丁腈	2.5×10^{-2}	—	—	—	—	—
过氧化十二酰	—	2.5×10^{-2}	—	—	—	—

制备方法 在密闭反应器中加入中性单体、阳离子单体、阴离子单体、水配制成聚合反应体系水溶液，调节聚合反应体系水溶液的 pH 值为 2～9，冰水浴冷却，向反应器中通惰性气体以除去氧气，加入引发剂，停止通惰性气体，在 0～60℃下进行聚合反应，得半透明的胶体，即为两性型或阳离子型高分子絮凝剂。

原料介绍 所述中性单体选自丙烯酰胺、甲基丙烯酰胺、N,N-二甲基丙烯酰胺中的一种以上。

所述阳离子单体是丙烯酸吗啉烷基酯类单体或甲基丙烯酸吗啉烷基酯类单体。

所述阴离子单体选自丙烯酸、丙烯酸盐、甲基丙烯酸、甲基丙烯酸盐、2-丙烯酰氨基-2-甲基丙磺酸、2-丙烯酰氨基-2-苯基乙磺酸、2-丙烯酰氨基十二烷基磺酸中的一种以上。

所述引发剂选自偶氮类引发剂、有机过氧类引发剂、无机过氧类引发剂、氧化-还原类引发剂等的一种以上。

其中，所述的偶氮类引发剂是偶氮二异丁腈、偶氮二异庚腈等或其混合物；所述的有机过氧类引发剂选自过氧化二苯甲酰、过氧化二碳酸二乙基己酯、过氧化二异丙苯、过氧化十二酰、过氧化苯甲酸特丁酯等中的一种以上；所述的无机过氧类引发剂选自过硫酸钾、过硫酸铵、过氧化氢等中的一种以上；所述的氧化-还原类引发剂［氧化剂与还原剂的摩尔比为（1：5）～（5：1）］中的氧化剂是过硫酸钾、过硫酸铵、过氧化氢或高锰酸钾等，还原剂是亚硫酸钠、亚硫酸氢钠、硫酸亚铁、胺或草酸等。

所述的惰气气体包括氮气或氩气等。

所述的调节聚合反应体系水溶液的 pH 值是用氢氧化钠、氢氧化钾、盐酸或硫酸等进行调节。

产品应用 本品主要应用于水处理。

产品特性 本品引入了阳离子单体——丙烯酸吗啉烷基酯类单体或甲基丙烯酸吗啉烷基酯类单体，合成两性型或阳离子型高分子絮凝剂。由于采用的阳离子单体具有表面活性剂的效果，可在水溶液中形成胶束而使共聚物具有微嵌段结构，具有疏水性，使制备的高分子絮凝剂具有疏水性，使聚合物具有相转变能力，同时疏水基团能与水体中的有机物结合。这些特点使所制备的高分子絮凝剂架桥吸附能力强、相转变能力高。所制备的两性聚合物用作絮凝剂时，具有阴阳离子协同作用，生成的絮团大而紧密，脱水效果好。

配方 46
蒙脱土插层型阳离子絮凝剂乳液

原料配比

原料	配比（质量份）						
	1#	2#	3#	4#	5#	6#	7#
水	1000	1000	100	100	100	1000	1000
钠基蒙脱土	50	—	7.5	7.5	—	—	—
钙基蒙脱土	—	75	—	—	—	—	100
钠-钙基蒙脱土	—	—	—	—	1	—	—
镁基蒙脱土	—	—	—	—	—	150	—
硫酸	2	2	0.4	0.3	—	3	3
乙酸	5	7	0.7	0.7	—	7	7
盐酸	3	1	0.1	—	—	—	—
乳酸	—	—	—	—	0.3	—	—
硝酸	—	—	—	—	0.7	—	—
甲基丙烯酰氨基丙基二甲基苄基氯化铵	67	67	6.7	8.4	—	—	—
丙烯酰氨基丙基苄基氯化铵	14	14	1.4	—	—	—	—
二甲基二烯丙基氯化铵	—	—	—	—	1	—	—
甲基丙烯酰氧乙基三甲基氯化铵	—	—	—	—	1	—	—
丙烯酰氧乙基三甲基氯化铵	—	—	—	—	—	200	150
丙烯酰胺	125	140	14	14	5	140	80
氯化钠	200	200	20	20	—	—	—
氯化镁	—	—	—	—	5	—	—
氯化铵	—	—	—	—	—	400	—
磷酸钙	—	—	—	—	—	—	100
氢氧化铝	—	—	—	—	5	—	—
氢氧化铁	—	—	—	—	—	—	100
硫酸铵	220	210	21	21	—	—	200
硫酸钙	—	—	—	—	—	200	—
乙酸铜	—	—	—	—	—	200	—

续表

原料	配比（质量份）						
	1#	2#	3#	4#	5#	6#	7#
异丙苯过氧化氢	—	—	—	—	—	—	2
氯化亚铁	—	—	—	—	—	—	1
硝酸铈铵	6	6	0.6	0.6	—	—	—
季戊四醇	1	1	0.1	0.1	—	1	—
过硫酸钠	—	—	—	—	0.005	—	—
过硫酸铵	—	—	—	—	—	2	—
亚硫酸氢钠	—	—	—	—	0.005	—	—

制备方法

（1）将蒙脱土溶解在水中，加入酸，进行酸化改性，得到改性蒙脱土。

（2）将阳离子单体加入步骤（1）改性蒙脱土溶液中，进行插层作用反应，得到蒙脱土插层阳离子。

（3）在步骤（2）溶液中加入丙烯酰胺、无机盐和氧化还原剂，进行化学反应，得到蒙脱土插层型阳离子絮凝剂乳液。

步骤（2）中，所述插层作用反应的条件是温度为 30～60℃，搅拌速度≥300r/min。

步骤（3）中，所述化学反应的反应气氛是空气、氮气、氦气、氢气中的至少一种；所述化学反应的反应温度为 30～60℃，反应时间为 1～4h。

原料介绍

所述蒙脱土包括钠基蒙脱土、钙基蒙脱土、钠-钙基蒙脱土、镁基蒙脱土中的至少一种。

所述加入酸为盐酸、乳酸、硫酸、乙酸、硝酸中的至少一种，所述酸化的标准为使 pH 值达到 1.5～6.5。

所述阳离子单体包括丙烯酰氨基丙基苄基氯化铵、二甲基二烯丙基氯化铵、甲基丙烯酰氧乙基三甲基氯化铵、丙烯酰氧乙基三甲基氯化铵、甲基丙烯酰氨基丙基二甲基苄基氯化铵中的至少一种。

所述无机盐包括氯化钠、氯化镁、氢氧化铝、硫酸钙、氯化铵、乙酸铜、硫酸铵、氢氧化铁、磷酸钙中的至少一种。

所述氧化还原剂包括过硫酸钠-亚硫酸氢钠、过硫酸铵-季戊四醇、异丙苯过氧化氢-氯化亚铁、硝酸铈铵-季戊四醇中的至少一对。此处，两个物质间的短横线表示该两个物质配合使用。

产品应用

本品主要应用于水处理。

产品特性

（1）本品采用了分散聚合法，反应条件温和、简便、易于操作，适用于大批量工业化生产。

（2）本品的制备方法环保、低耗。

（3）采用本品方法制备出的蒙脱土插层型阳离子絮凝剂乳液，兼具蒙脱土和阳离子聚丙烯酰胺的特性，同时具有脱色和絮凝作用。

配方 47
魔芋接枝丙烯酰胺非离子高分子絮凝剂

原料配比

原料	配比（质量份）				
	1#	2#	3#	4#	5#
魔芋胶	1	1	1	1	1
水	125（体积份）	125（体积份）	125（体积份）	125（体积份）	125（体积份）
丙烯酰胺	8.52	8.52	8.52	17.04	5.68
硝酸铈铵催化剂	0.10275	0.137	0.274	0.10275	0.10275
去金属配位离子剂 EDTA	0.073	0.073	0.073	0.073	0.073

制备方法　在反应容器中，将魔芋胶及水先糊化后投入丙烯酰胺单体反应，再加入硝酸铈铵催化剂及去金属配位离子剂 EDTA，在 40～70℃下反应 5～10h 后即可出料，反应过程中，从开始到结束持续通入高纯氮。物料为黏状溶液，反应结束后，利用丙酮溶液反复洗涤出料所得黏状溶液，沉淀出的固体在真空干燥箱内 40～70℃下干燥 48h 后得纯接枝产物。

原料介绍　所述魔芋胶选用 KGM 含量为 95％以上，细度为 200 目的魔芋胶。

所述溶剂选用水。

高分子絮凝剂通常为线型结构，分子量越大，具有的碳氢链越长，有效的官能团也越多，本品絮凝剂为非离子型，通过分子间的吸附架桥作用起到絮凝作用。

产品应用　本品可广泛用于城市污水和工业废水的处理中。

产品特性

（1）本品具有良好的水溶性，可现场临时配制使用。

（2）本品具有良好的絮凝效果，可广泛用于城市污水和工业废水的处理中。

（3）本品具有良好的可生物降解性。

配方 48
纳米超高效絮凝剂

原料配比

原料	配比（质量份）	
	1#	2#
纳米级氧化物	5	10
聚丙烯酰胺	45	25
阳离子型聚丙烯酰胺	40	—
阴离子型聚丙烯酰胺	—	25
非离子型聚丙烯酰胺	10	20
TXY 高分子絮凝剂	—	20
水	适量	适量

制备方法 将纳米级氧化物、聚丙烯酰胺、阳离子型聚丙烯酰胺（或阴离子型聚丙烯酰胺）、非离子型聚丙烯酰胺、TXY 高分子絮凝剂一次性投放到双螺旋搅拌器中混合 1～2h，即可得成品。

还可以将上述混合料一次性投放至反应釜中，按照混合料:水＝1:（80～120）的比例加水，启动搅拌器，转速为 60r/min，反应釜夹套通蒸汽加热，保持温度在 75～85℃，并搅拌 3～4h，即可得到溶液型成品。

原料介绍 原料中的纳米级氧化物是指粒度为 25～100nm 的二氧化硅、三氧化二铝、氧化锆、氧化铈四种原料其中之一，或两种以上的混合物。

产品应用 本品是用于废水处理的絮凝剂，使用时以溶液状态按常规滴加方式加入被处理的废水中即可，最大用量为 1t 废水中加入有效成分 0.01kg。

产品特性 本品絮凝速度快、矾花大、沉淀时间短，10min 内可达到完全沉淀，絮凝效果好，投药量小，运行可靠，可大幅度降低废水处理成本。同时，彻底消除二次污染，所处理废水的排放指标稳定。

配方 49
三元共聚高分子絮凝剂

原料配比

原料	配比（质量份）			
	1#	2#	3#	4#
水	35	29.5	63	51

续表

原料		配比（质量份）			
		1#	2#	3#	4#
乙酸		1	0.6	—	—
丙酸		—	—	1.5	—
柠檬酸		—	—	—	1.8
壳聚糖		2	2	3	4.5
A	丙烯酰胺	9.5	12	18	23
B	二甲基二烯丙基氯化铵	4	—	—	—
	丙烯酰胺丙基三甲基氯化铵	—	5.5	—	—
	甲基丙烯酸三甲胺乙酯氯化铵	—	—	9	—
	三甲氨基丙烯酸甲酯氯化铵	—	—	—	12
C	壬基酚聚氧乙烯醚	2	—	—	—
	烷基酚聚氧乙烯醚	—	1.5	5	4
	脂肪醇聚氧乙烯醚	—	—	—	2
D	硝酸铈铵	0.2	—	—	—
	过氧化苯甲酰	—	0.2	—	—
	过硫酸钾-尿素	—	—	0.5	—
	过硫酸铵-亚硫酸氢钠	—	—	—	0.4
氢氧化钠		0.2	—	—	—
氨水		—	0.15	—	—
氢氧化钾		—	—	0.3	—
碳酸氢钠		—	—	—	0.18

注：A 为非离子单体；B 为阳离子单体；C 为非离子表面活性剂；D 为引发剂。

制备方法

（1）在反应釜中加入水和酸，然后加入壳聚糖，溶解完全，再加入非离子单体，待其溶解完全后再加入阳离子单体，搅拌混合均匀，然后加入非离子表面活性剂，搅拌，分散整个溶液。

（2）向步骤（1）所得溶液中加入相当于溶液总质量 0.05%～0.5% 的过氧化类或过硫酸盐类引发剂，进行链引发聚合反应，控制聚合温度在 30～75℃，聚合时间为 2～6h。

（3）向步骤（2）所得反应产物中加碱，如氢氧化钠、氢氧化钾、氨水等，将反应产物的 pH 值调节至 3.5～5.5，即得产品。

原料介绍

非离子单体可以是丙烯酰胺或甲基丙烯酰胺。

阳离子单体可以是二甲基二烯丙基氯化铵、烯丙基三甲基氯化铵、丙烯酰胺丙基三甲基氯化铵、甲基丙烯酸三甲胺乙酯氯化铵、三甲氨基丙烯酸甲酯氯化铵。

非离子表面活性剂可以是失水山梨醇聚氧乙烯醚、壬基酚聚氧乙烯醚、烷基酚聚氧乙烯醚、脂肪醇聚氧乙烯醚。

酸可以是乙酸、丙酸或柠檬酸。

产品应用 本品适用于污水处理。

产品特性 本品原料配比科学，工艺简单合理，采用三元共聚体系，生成的产品为三元共聚物，综合性能优良，絮凝速度快，用量少，COD去除率及色度去除率高，pH值适用范围较宽，处理效果好。

配方 50
生物重金属吸附絮凝剂

原料配比

原料	配比(质量份)		
	1#	2#	3#
壳聚糖	2	1	1.5
柠檬酸	2	3	2.5
乙醇	0.8	0.5	1
槐糖脂	2	3	1.5
水	100	150	80

制备方法

(1) 所备部分水加热至60～80℃，依次加入柠檬酸、壳聚糖，并在搅拌过程中加热至80～85℃，直至柠檬酸、壳聚糖溶解呈无颗粒透明状，保温30～35min后，加入乙醇搅匀得到溶液Ⅰ。

(2) 在步骤(1)余下的水中加入槐糖脂后，加热至80～85℃，直至槐糖脂溶解，得溶液Ⅱ。

(3) 合并步骤(1)、步骤(2)的溶液Ⅰ与溶液Ⅱ，搅匀，冷却至35～40℃，即得到生物重金属吸附絮凝剂。

产品应用 本品主要应用于水处理。

产品特性 采用上述获得的生物重金属吸附絮凝剂，由于对重金属物质具有显著的螯合作用，因此在处理各种污水过程中，能高效吸附絮凝污水中的重金属物质，而使水与重金属物质彻底分离，以便处理过的这部分水用于灌溉农田时，不会对土壤环境造成破坏，直接排放时，不会对江河、湖泊等水体造成破坏。同时能减轻有害藻类的产生和污染，有效保护土壤环境、水环境。

配方 51

适用于疏浚淤泥絮凝脱水的阳离子稻壳絮凝剂

原料配比

原料	配比（质量份）		
	1#	2#	3#
稻壳粉末	10	10	100
8%的 NaOH 溶液	100（体积份）	—	—
10%的 NaOH 溶液	—	60（体积份）	—
9%的 NaOH 溶液	—	—	80（体积份）
十六烷基三甲基溴化铵	6	—	—
醚化剂（3-氯-2-羟丙基三甲基氯化铵）	—	8	—
醚化剂（十八烷基三甲基氯化铵）	—	—	10
0.6%的过硫酸铵引发剂	适量	—	适量
0.6%的过硫酸钾引发剂	—	适量	—
乙醇	200（体积份）	200（体积份）	200（体积份）

制备方法

（1）将洗净干燥的稻壳研磨、粉碎、筛分，制得 100 目稻壳粉末。

（2）称取稻壳粉末，加入浓度为 8%～10%的 NaOH 溶液，在 80～90℃下碱化 60～120min，得碱化稻壳。

（3）将碱化稻壳降温至 50℃，加入碱化稻壳质量 60%～100%的醚化剂，滴加碱化稻壳质量 0.6%的引发剂，恒温反应 4～24h，得醚化稻壳。

（4）将醚化稻壳用乙醇沉淀过滤，并用乙醇/甲醇多次交替洗涤过滤除去均聚物，最后抽滤至滤液中无氯离子为止，然后 50℃真空干燥至恒重，即得阳离子醚化稻壳。

原料介绍

所述稻谷粉末与 NaOH 溶液的质量体积比为 1:（6～10）。

所述醚化剂选用阳离子醚化剂，如十二烷基三甲基氯化铵、十四烷基三甲基氯化铵、十六烷基三甲基氯化铵、十八烷基三甲基氯化铵、十二烷基三甲基溴化铵、十四烷基三甲基溴化铵、十六烷基三甲基溴化铵、十八烷基三甲基溴化铵或 3-氯-2-羟丙基三甲基氯化铵。

所述引发剂选用过硫酸铵、过硫酸钾或过氧化苯甲酰。

产品应用

本品主要应用于疏浚淤泥絮凝脱水。

产品特性 本品以稻壳为原料，以阳离子单体为醚化剂，经稻壳阳离子化改性制备得到天然有机高分子絮凝剂（即阳离子稻壳絮凝剂）。通过疏浚淤泥絮凝脱水的研究，本絮凝剂呈现出优良的絮凝脱水效果，可实现淤泥的瞬间絮凝沉降脱水，在淤泥絮凝脱水的同时，能有效去除水体污染物，改善余水水质。

配方 52
疏水改性阳离子絮凝剂

原料配比

原料	配比（质量份）					
	1#	2#	3#	4#	5#	6#
丙烯酰胺	12	6	6	6	24	60
十六烷基三甲基溴化铵	0.2	0.5	0.5	0.5	2	1
丙烯酰氧乙基三甲基氯化铵	9.2(体积份)	60(体积份)	60(体积份)	60(体积份)	240(体积份)	46(体积份)
丙烯酸丁酯	1.2	0.6	1.2	0.6	2.4	6
水	36(体积份)	70(体积份)	70(体积份)	70(体积份)	280(体积份)	180(体积份)
1%的亚硫酸氢钠	2.5(体积份)	5.5(体积份)	5.8(体积份)	5.5(体积份)	22(体积份)	10(体积份)
过硫酸钾	2.5(体积份)	5.5(体积份)	5.8(体积份)	5.5(体积份)	22(体积份)	10(体积份)
尿素水溶液	2.5(体积份)	5.5(体积份)	5.8(体积份)	5.5(体积份)	22(体积份)	10(体积份)
1%的偶氮二异丁腈	1.2(体积份)	3(体积份)	3.2(体积份)	3(体积份)	12(体积份)	6(体积份)

制备方法

（1）将丙烯酰胺、丙烯酰氧乙基三甲基氯化铵及阳离子表面活性剂用少量水溶解，同时通氮除氧。

（2）加入丙烯酸丁酯及一定量的水，配成总质量分数为 20%～40% 的溶液，再通氮除氧。

（3）加入引发剂，密封。

（4）在 $-18 \sim -12℃$ 下冷却，直至溶液完全冻结。

（5）在 $30 \sim 35℃$ 下完全溶解后，再静置 $2 \sim 4h$ 即得成品。

原料介绍 所述的阳离子表面活性剂为十六烷基三甲基溴化铵。

所述的引发剂为氧化还原引发剂，由亚硫酸氢钠、过硫酸钾和尿素按质量比 1:1:1 组成。

所述的引发剂还包括偶氮引发剂偶氮二异丁腈，偶氮引发剂与氧化还原引发剂的质量比为 1:(1.5～2.5)。

产品应用 本品主要应用于污水处理。

产品特性

（1）采用在-18～-12℃下冷冻后自然缓慢升温的聚合方式，使得单体聚合产生的聚合热通过由冰转变为水的相变过程及水的升温过程迅速带走，保证聚合体系保持较恒定的低温，克服由于聚合产物黏度大、散热困难导致的聚合体系温度偏高、聚合物分子量小、分子量分布宽的缺陷。而且聚合过程中随着温度的升高，引发反应的自由基的数量和活性逐渐增大，引发单体缓慢聚合，有利于生成大分子聚合物。

（2）聚合时的pH值调节至4～6，可以克服由于pH值低，单体分子内或分子间形成酰亚胺，导致生成含支链或交联型的产物，絮凝剂的溶解性差的缺陷。同时，克服pH值较高，链转移的速率大，难以形成大分子，特性黏度偏低的缺陷。

（3）引发剂除采用传统的过硫酸钾、亚硫酸氢钠氧化还原引发剂外，还添加尿素和偶氮引发剂偶氮二异丁腈。其中，尿素作为氧化还原引发剂，参与氧化还原反应释放自由基，同时也可作为助溶剂，增加絮凝剂的溶解性能；偶氮引发剂可在聚合后期二次引发单体聚合，降低产品中残余单体的含量，提高聚合物的分子量。

（4）本品中疏水基团的引入使聚合物的亲水性能降低，在悬浮颗粒上的吸附能力增强。同时，疏水基团在水溶液中发生缔合作用，使聚合物间的相互作用增强。以上两种效应使疏水缔合絮凝剂具有更强的吸附架桥作用，从而获得更强的絮凝能力。

（5）所得的絮凝剂分子长链上既有酰氨基团，又有大量带正电荷的阳离子基团，在酸性、碱性环境下均呈现阳离子性，对带负电的悬浮颗粒或胶体进行絮凝沉淀，可同时具有电中和性，以及吸附和桥联的综合性能，絮凝作用迅速、彻底。用于污水处理时，快速完成沉降，用量小于20mg/L，对藻类污水除浊率达到98.2%，高浊污水的除浊率达到94.3%。同时，通过卷扫和吸附作用去除污水中的可溶性杂质，降低污水的COD值。

（6）本品工艺简单，聚合反应缓和，易于控制，后期反应在常温下进行，无须搅拌，设备成本低。

配方 53
疏水阳离子高分子絮凝剂

原料配比

原料	配比（质量份）				
	1#	2#	3#	4#	5#
丙烯酰胺	15.9	15.37	10.04	15.37	15.37
甲基丙烯酰氧乙基三甲基氯化铵	5.19	5.19	20.77	5.19	5.19

续表

原料	配比（质量份）				
	1#	2#	3#	4#	5#
十八烷基乙烯基醚	0.37	0.37	0.37	0.37	0.37
尿素	0.43	0.46	0.67	0.46	0.46
十六烷基三甲基溴化铵	1.29	1.39	2	1.39	1.39
水	86	93	134	54	93
十八烷基乙烯基醚	0.37	2.59	2.59	2.59	2.59
过硫酸铵	0.028	0.03	0.044	0.03	0.078
亚硫酸氢钠	0.014	0.015	0.022	0.015	0.039

制备方法

（1）取丙烯酰胺、甲基丙烯酰氧乙基三甲基氯化铵与十八烷基乙烯基醚备用。

（2）将丙烯酰胺及甲基丙烯酰氧乙基三甲基氯化铵加入反应容器中，再加入尿素及阳离子表面活性剂，最后加入水并搅拌，使反应容器中的混合物料溶解。

（3）将步骤（2）的混合溶液升温至30～35℃，再在反应容器中加入十八烷基乙烯基醚，并搅拌均匀。

（4）在步骤（3）的反应容器中加入引发剂，保温至30～35℃进行聚合反应，3～6h后得到半透明或乳白色的胶状产物。

（5）将步骤（3）产物倒入丙酮中，使其沉淀，取出沉淀物后将沉淀物再用乙醇抽提24h，即得到疏水阳离子高分子絮凝剂。

产品应用 本品主要应用于废水处理。

产品特性 本品具有传统阳离子聚丙烯酰胺分子量高、吸附架桥能力强、絮凝效果好、使用范围广等优点的同时，兼具疏水性强、脱水率高等特点。

本品采用简单的制备工艺，具有经济、适用等特点。制备的聚合物在给水及废水处理、石油开采、清淤疏浚、采矿、日用化工等领域都有较广泛的用途，对于底泥的絮凝脱水效果尤为显著。

配方 54
疏水阴离子絮凝剂

原料配比

原料	配比（质量份）		
	1#	2#	3#
丙烯酰胺	11.38	8.28	9.38

续表

原料		配比（质量份）		
		1#	2#	3#
2-丙烯酰氨基-2-甲基丙磺酸		6.84	4.56	5.48
丙烯酸丁酯		1.28	1.56	2.06
水		58.5	53.5	56.76
阴离子表面活性剂		3.32	2.96	3.03
引发剂	过硫酸铵	0.0566	0.0545	0.0554
	亚硫酸氢钠	0.0121	0.0116	0.0118

制备方法

（1）将丙烯酰胺和 2-丙烯酰氨基-2-甲基丙磺酸依次加入装有搅拌、温度计、导气装置和进料装置的四颈烧瓶中，然后加入水并通氮气进行搅拌得到体系 A。搅拌速度为 $250\sim300r/min$，搅拌时间为 $10\sim15min$。

（2）向体系 A 中加入阴离子表面活性剂，继续通氮气搅拌得到体系 B。搅拌速度为 $250\sim300r/min$，搅拌时间为 $10\sim15min$。

（3）向体系 B 中加入丙烯酸丁酯，通氮气搅拌得到体系 C。搅拌速度为 $400\sim450r/min$，搅拌时间为 $20\sim25min$。

（4）向体系 C 中加入引发剂，继续通氮气反应 $4\sim6h$，得到成品。

原料介绍　　所述的阴离子表面活性剂为十二烷基硫酸钠。

所述的引发剂为过硫酸铵、亚硫酸氢钠的混合物。

产品应用　　本品主要应用于污水处理。

产品特性　　本配方制备的疏水阴离子絮凝剂是在传统的阴离子聚丙烯酰胺的分子结构中引入疏水基团，在传统阴离子絮凝剂分子量高、絮凝效果好、使用范围广等优点的基础上，增强了疏水性能，具有脱水速率快的特点，尤其对河湖底泥的絮凝和干化脱水效果显著。

配方 55
双阳离子聚丙烯酰胺絮凝剂

原料配比

原料	配比（质量份）		
	1#	2#	3#
丙烯酰胺	71	71	71
水	100	100	100

续表

原料	配比(质量份)		
	1#	2#	3#
38%的甲醛溶液	80	80	80
40%的二甲胺溶液	120	120	120
98%的碳酸二甲酯溶液	90	90	90
半成品溶液	146	146	146
79%的三甲基丙烯酰氧乙基氯化铵溶液	200	190	210
自制聚合催化剂溶液	30	30	30

制备方法

(1) 取丙烯酰胺,使其溶解在水中得到丙烯酰胺溶液,将该溶液加入到1L的四颈烧瓶中,然后用1mol/L的氢氧化钠水溶液调节丙烯酰胺溶液的pH值为8~9。

(2) 在室温下,将38%的甲醛溶液用40min的时间滴加到步骤(1)的丙烯酰胺溶液中,加热溶液至50℃,反应2.5h后,向烧瓶内滴加40%的二甲胺溶液,继续在50℃下反应2.5h,再加入98%的碳酸二甲酯溶液,在50℃下反应1.5h,得到半成品溶液。

(3) 取半成品溶液,将其与79%的三甲基丙烯酰氧乙基氯化铵溶液混合均匀,加热至60℃,每20min加入10份自制聚合催化剂溶液,一共加3次,并保持混合溶液在60℃下保温反应5h,反应结束即得所述的絮凝剂。

其中,自制催化剂溶液由过硫酸钠、亚硫酸氢钠和水按照1:1:58混合而成。

产品应用

本品主要应用于废水处理。

产品特性

本品的共聚物中,2/3以上的结构单元为阳离子化的丙烯酰胺,使得絮凝剂具有更强的疏水性,絮凝效果好,共聚物中引入的碳酸二甲酯季铵离子耐酸、耐碱,使得共聚物适用的pH值范围广,适合用作处理高浓度印染退浆废水的阳离子聚丙烯酰胺絮凝剂。此外,该絮凝剂的投料量少,可以降低使用成本。

配方 56
水溶性絮凝剂

原料配比

原料	配比(质量份)		
	1#	2#	3#
聚丙烯酸钠	55	52	50
聚丙烯酰胺	45	48	50

制备方法 将聚丙烯酸钠与聚丙烯酰胺以机械掺混的方式混合均匀，即得。

原料介绍 为了取得更好的去除悬浮物的效果，本品可采用分子量为 $(9.0\sim11.0)\times10^6$ 的聚丙烯酸钠和分子量为 $(2.0\sim5.0)\times10^6$ 的聚丙烯酰胺。一般分子量越大，去除悬浮物率越高。

本品絮凝剂的作用机理：聚丙烯酸钠具有促使悬浮物小颗粒聚合的作用，而聚丙烯酰胺具有促进中和电荷和吸附架桥的作用，促使小颗粒聚合。聚丙烯酸钠与聚丙烯酰胺混合后，通过中和电荷和吸附架桥，小颗粒悬浮物聚集使体积达到一定程度的时候，便形成絮凝体从水中分离出来，胶体颗粒和悬浮物颗粒与高分子化合物的极性基团或带电荷基团作用，使颗粒与高分子化合物结合，形成庞大的絮状沉淀物。

产品应用 本品主要应用于白土污水的处理。

产品特性

（1）本品具有优异的悬浮物去除性能，在含白土催化剂污水处理过程中，悬浮物去除率在 90% 以上，能够满足含白土催化剂污水处理的需要，并达到排放要求。

（2）本品制备原料易得，工艺简单，成本低，易于推广应用。

配方 57
水溶性有机共聚两性高分子絮凝剂

原料配比

原料	配比（质量份）	
	1#	2#
衣康酸	2	3
聚合助剂乙二胺四乙酸钠	0.008	0.012
甲基丙烯酰氧乙基三甲基卤化铵	20	30
N-乙烯基吡咯烷酮	4	6
双官能团单体二丙烯酸酯	1	1.5
氧化还原引发剂过硫酸钾和亚硫酸氢钾的混合物	0.2	0.3
无机过氧化物引发剂过硫酸钾	0.05	0.07
水	适量	适量

制备方法

（1）在四颈烧瓶中加入衣康酸（盐）、聚合助剂和水，搅拌溶解，抽真空两次，每次时间为 5min，中间通氮一次，时间为 5min。

(2) 用水稀释甲基丙烯酰氧乙基三甲基卤化铵，在 N-乙烯基吡咯烷酮中加入双官能团单体二丙烯酸酯，用水稀释。

(3) 在连续搅拌和通氮条件下，一次性加入氧化还原引发剂，升温至 35～45℃，调整水溶液 pH 值为 2～10，用一支滴液漏斗滴加甲基丙烯酰氧乙基三甲基卤化铵的水溶液，用一支滴液漏斗滴加 N-乙烯基吡咯烷酮和双官能团单体二丙烯酸酯的混合液到四颈烧瓶中，两支滴液漏斗同时滴加，控制滴加速度，滴加时间是 0.5～3h。滴加完后恒温 0.5～4h。在滴加和恒温过程中，每 15min 检查一次四颈烧瓶中反应液体的 pH 值，保持 pH 值为 2～9。

(4) 升温至 75～85℃，加入无机过氧化物引发剂，继续反应，每 15min 检查一次四颈烧瓶中反应液体的 pH 值，保持 pH 值为 2～9，反应时间为 1～3.5h，冷却，出料，得到水溶性有机共聚两性高分子絮凝剂产品。

产品应用 本品主要应用于水处理。

产品特性

(1) 本品所用单体无（低）毒，对环境几乎无影响。

(2) 采用水溶性氧化还原剂作为低温引发剂，在后期加入水溶性过氧化物引发剂，保证了絮凝剂具有足够高的分子量，且转化率更高，残留单体含量更低。

(3) 本品制备方法简单，反应条件温和，适宜推广应用。

(4) 本品性能稳定，适用于较宽的 pH 值范围，处理废水种类多，投入量小（仅为 1～200mg/L），具有显著的经济效益。

配方 58
水溶性有机两性高分子絮凝剂

原料配比

原料	配比（质量份）	
	1#	2#
二甲基二烯丙基卤化铵	16	24
聚合助剂	0.07	0.08
巴豆酸（盐）	1.8	2.7
N-乙烯基吡咯烷酮	2.7	4
双官能团单体二丙烯酸酯	0.7	1
氧化还原引发剂过硫酸钾和亚硫酸氢钠的混合物	0.18	0.27
过氧化物引发剂过硫酸钾	0.06	0.07
水	适量	适量

制备方法

（1）在四颈烧瓶中加入二甲基二烯丙基卤化铵、聚合助剂和水，搅拌溶解，抽真空两次，每次时间为5min，中间通氮一次，时间为5min。

（2）用水溶解巴豆酸（盐）后加入N-乙烯基吡咯烷酮混合均匀，用水稀释双官能团单体二丙烯酸酯。

（3）在连续搅拌和通氮条件下，一次性加入氧化还原引发剂，升温至35～45℃，调整水溶液pH值为2～9，用一支滴液漏斗滴加巴豆酸（盐）与N-乙烯基吡咯烷酮单体的混合液，用一支滴液漏斗滴加双官能团单体二丙烯酸酯的水溶液到四颈烧瓶中，两支滴液漏斗同时滴加，控制滴加速度，滴加时间是0.5～3h。滴加完后恒温0.5～4h。在滴加和恒温过程中，每15min检查一次四颈烧瓶中反应液体的pH值，保持pH值为2～9。

（4）升温至75～85℃，加入无机过氧化物引发剂，继续反应，每15min检查一次四颈烧瓶中反应液体的pH值，保持pH值为2～9，反应时间为1～3.5h，冷却，出料，得到水溶性有机两性高分子絮凝剂产品。

原料介绍

聚合助剂选用二乙醇胺、三乙醇胺、乙二胺四乙酸及其盐、水溶性含氟化合物（如氟硅酸、氟硅酸钙、氟化钾、氟化钠）的任一种或两种以上的混合物。

产品应用

本品主要应用于水处理。

产品特性

（1）本品所用单体无（低）毒，对环境几乎无影响。

（2）采用水溶性氧化还原剂作为低温引发剂，在后期加入水溶性过氧化物引发剂，保证了絮凝剂具有足够高的分子量，且转化率更高，残留单体含量更低。

（3）本品制备方法简单，反应条件温和，适宜推广应用。

（4）本品性能稳定，适用于较宽的pH值范围，处理废水种类多，投入量小（仅为1～200mg/L），具有显著的经济效益。

配方 59
水溶性有机两性共聚物絮凝剂

原料配比

原料	配比（质量份）	
	1#	2#
丙烯酸-N,N-二甲氨基乙酯	3	6.8

原料	配比(质量份)	
	1#	2#
聚合助剂乙二胺四乙酸钠	0.006	0.045
甲基丙烯酰氧乙基三甲基卤化铵	16	31
双官能团单体二丙烯酸酯	1	1.5
2-丙烯酰胺-2-甲基丙磺酸(盐)	2	4
氧化还原引发剂过硫酸钾和亚硫酸氢钾的混合物	0.17	0.35
无机过氧化物引发剂过硫酸钾	0.05	0.16
水	适量	适量

制备方法

(1) 在四颈烧瓶中加入丙烯酸-N,N-二甲氨基乙酯、聚合助剂和水,搅拌溶解,抽真空两次,每次时间为 5min,中间通氮一次,时间为 5min。

(2) 在甲基丙烯酰氧乙基三甲基卤化铵中加入双官能团单体二丙烯酸酯,用水稀释,用水溶解 2-丙烯酰胺-2-甲基丙磺酸(盐)。

(3) 在连续搅拌和通氮条件下,一次性加入氧化还原引发剂,升温至 35~45℃,调整水溶液 pH 值为 2~9,用一支滴液漏斗滴加甲基丙烯酰氧乙基三甲基卤化铵与双官能团单体二丙烯酸酯的混合液,用一支滴液漏斗滴加 2-丙烯酰胺-2-甲基丙磺酸(盐)的水溶液到四颈烧瓶中,两支滴液漏斗同时滴加,控制滴加速度,滴加时间是 0.5~3h,滴加完后恒温 0.5~4h。在滴加和恒温过程中,每 15min 检查一次四颈烧瓶中反应液体的 pH 值,保持 pH 值为 2~9。

(4) 升温至 75~85℃,加入无机过氧化物引发剂,继续反应,每 15min 检查一次四颈烧瓶中反应液体的 pH 值,保持 pH 值为 2~9,反应时间为 1~3.5h,冷却,出料,得到水溶性有机两性共聚物絮凝剂产品。

产品应用 本品主要应用于水处理。

产品特性

(1) 本品所用单体无(低)毒,对环境几乎无影响。

(2) 采用水溶性氧化还原剂作为低温引发剂,在后期加入水溶性过氧化物引发剂,保证了絮凝剂具有足够高的分子量,且转化率更高,残留单体含量更低。

(3) 本品制备方法简单,反应条件温和,适宜推广应用。

(4) 本品性能稳定,适用于较宽的 pH 值范围,处理废水种类多,投入量小(仅为 1~200mg/L),具有显著的经济效益。

配方 60
天然有机高分子复合絮凝剂

原料配比

原料	配比（质量份）			
	1#	2#	3#	4#
壳聚糖	5～20	5～20	5～20	10～20
紫麻皮	80～95	—	—	—
创花楠皮	—	80～95	—	—
紫麻皮和创花楠皮	—	—	80～95	80～90
有机酸	0.6～1	0.6～1	0.6～1	0.6～1

制备方法

先将紫麻皮或创花楠皮进行粉碎，然后输送进入水化复合反应罐，加适量水加热到 50～90℃，在搅拌的条件下分散，再加入用稀有机酸溶解后的壳聚糖溶液，经充分复合，反应时间为 0.5～1h，再经胶体磨研磨，过滤后即得天然有机高分子复合絮凝剂。由于本品的动物多糖和植物多糖混合后在热水中容易形成较黏稠的胶体，固体含量过高，水化复合反应不容易完全，黏度过大，使用过程不容易分散，絮凝效果不好。所以，本品的天然有机高分子复合絮凝剂固体质量分数最好在 50% 以下。一般来说，复合絮凝剂的最佳固体质量分数为 5%～40%。

原料介绍

所述的动物多糖是降解的壳聚糖，它是将分子量 100 万左右的壳聚糖（可以是 50 万～100 万），于常温下加入有机酸溶解，每千克壳聚糖加入有机酸 0.6～1kg，反应 10min～2h 后得到。

所述的有机酸是乙酸、丙酸、乙二酸、草酸、乳酸或柠檬酸，或者是它们其中的两种、两种以上的混合酸。

所述的植物多糖是经过精选的具有絮凝作用的植物碎粉，本品采用紫麻皮或创花楠皮的粉碎物。

产品应用

本品可应用于制糖工业中的蔗汁澄清、脱色除硫、糖浆上浮、煮糖降黏，以及加热器、蒸发罐、煮糖罐的除垢、防垢、缓蚀；饮料（不含果肉）、酒类澄清；选矿沉降剂；淀粉生产中黄浆水沉降澄清；各种工业污水和生活污水的处理；造纸工业中的浆内施胶、助滤助留等领域。

产品特性

（1）可以取代传统的无机絮凝剂和合成高分子絮凝剂，天然无毒、价格便宜、操作简单、使用方便。

（2）使用本品复合絮凝剂不会将其本身的颜色带入溶液中，同时其形成的絮凝物抗剪切力强，不易返溶。絮凝以后摇动静置重新絮凝，不会浑浊（其他的絮凝剂摇动以后不能重新絮凝，变浑浊）。

配方 61
污泥调质脱水的有机复合絮凝剂

原料配比

原料	配比（质量份）	
	1#	2#
乙烯胺/N-乙烯基甲酰胺/乙烯基丙烯酰胺的共聚物	9	—
二甲基二丙烯基氯化铵	—	9.5
聚丙烯酰胺	1	0.5

制备方法 将原料混合均匀即可。

产品应用 本品主要应用于污泥脱水处理。

产品特性 本品通过两种药剂的组合，可在不增加污泥处理絮凝剂费用的基础上得到出人意料的协同效果，它使得污泥的絮凝过程中形成的絮体密实，避免了高分子絮凝剂的加入导致的大凝胶状絮体的形成，可将絮体中水分最优释放，从而降低污泥中的最终含水率。同时，可显著改善污泥的比阻抗性，从而改善污泥的过滤特性。两种药剂的组合使用改善了污泥的过滤特性，用量少，相同用量下可达到远超现有其他药剂的效果，其处理后污泥比阻抗值低，脱水后污泥含固率高。

配方 62
污泥脱水改性絮凝剂

原料配比

原料	配比（质量份）
丙烯酰胺	8.5
水	85
氨水	0.5～0.8
还原铁粉	0.8～1.5
20%～30%的氯化铝溶液	5～10
引发剂过硫酸钾	0.5～1
0.1mol/L 的硫酸和氢氧化钠溶液	适量

制备方法

（1）将丙烯酰胺倒入一个四颈烧瓶中，加入水再进行搅拌，使之充分溶解，然后通入高压氮气 10min，以除去溶解氧，在通入氮气过程中向溶液中滴入氨水。

（2）对步骤（1）溶液进行加温，在 50～60℃时，加入还原铁粉、氯化铝溶液、引发剂过硫酸钾，使还原铁粉和氯化铝质量比为（1∶1）～（2∶1）。同时，用 0.1mol/L 的硫酸和同样浓度的氢氧化钠水溶液调节 pH 值在 7～9 的范围内，在温度不大于 70℃，搅拌速度为 90r/min 条件下反应 4h。

（3）停止加热和搅拌后，自然冷却，在小于 100℃的真空烘箱中熟化 8h，即得到淡黄色透明均相的块状胶体，研磨成粉状即为本改性絮凝剂。

产品应用

本品主要应用于污泥脱水。

产品特性

本品兼具无机和有机絮凝剂的优点，高效廉价，适用于污水处理中的絮凝及污泥脱水絮凝处理，受温度影响小，pH 值适用范围广，性能稳定，无污染。

配方 63
污水处理用絮凝剂

原料配比

原料	配比（质量份）						
	1#	2#	3#	4#	5#	6#	7#
聚丙烯酰胺	20	20	20	20	20	20	1
盐	16	16	15	15	15	30	1
催化剂	16.5	16.5	16.5	16.5	16.5	—	0.165
水	1000	1000	1000	1000	1000	1000	1000
硫酸或盐酸	—	适量	—	—	—	—	—
硫酸铝	—	—	30～100	—	—	—	—
碱	—	—	—	—	适量	—	—
纤维素	—	—	—	—	—	1	—

制备方法

先将水放入反应釜中，升温到 30～40℃时加入盐使之溶解，在搅拌的情况下加入聚丙烯酰胺，逐渐升温到 55℃，待其全溶后，降温到 30～45℃，加入催化剂，在 35～55℃保温 2h 出料，即为成品（也可在 35～45℃内将所有原料投入后，保温，搅拌，待聚丙烯酰胺全溶后即为成品）。

原料介绍

催化剂可通过以下方法制得：控制温度在 75℃以下，最低温度为 30～45℃，将二甲胺与氨水（尿素）混合后，再与甲醛混合，混合完毕，于 35～65℃保温 30～60min 后冷却备用。其各组分的配比范围是：甲醛10～90份，二甲胺 15～95 份，氨水（或尿素）1～80 份。

产品应用 本品除用于造纸废水处理外，可广泛用于 400 多种废污水处理，例如制革、印染、化工、制药、冶炼、洗煤、电镀、电厂、石油、建材等，还可处理垃圾渗水及生活污水。

使用时，可根据需要稀释 10～500 倍，也可以和净水剂配合使用。

产品特性 本品使用设备简易，占地面积小，投资少，运行费用低，絮凝速度快，时间短，可在 1～5s 内产生大而牢固的矾花，固液易分离，处理效果好，不产生二次污染。

配方 64
污水处理用聚合絮凝剂

原料配比

原料	配比（质量份）		
	1#	2#	3#
氢氧化钠	111	2.78	55.5
丙烯酸	200	5	100
活性炭	2	0.55	1
尿素	2	0.05	1.5
皂基	0.25	0.007	0.12
亚硫酸钠	0.05	0.0005	0.01
过硫酸钠	0.18	0.0045	0.1
水	390	9.76	197.5

制备方法

（1）将氢氧化钠溶于水中，温度控制在 45℃以下，将其加入丙烯酸中，搅拌均匀，控制温度低于 35℃，再向其中加入活性炭，搅拌 2h 后过滤，可得到丙烯酸盐（丙烯酸钠）溶液。

（2）将尿素、皂基、亚硫酸钠、过硫酸钠溶解于水中，搅拌均匀，可得到聚合助剂液。

（3）将步骤（1）丙烯酸盐溶液用氢氧化钠调整 pH 值至 12～12.5，加入步骤（2）聚合助剂液，搅拌混合均匀。

（4）将步骤（3）物料倒入有条形格的塑料盘（由聚氯乙烯、聚丙烯、聚四氟乙烯制成，也可用内衬塑料薄膜的不锈钢盘代替）中，在常温下静置聚合 3～10h，用解碎机解成小颗粒，干燥粉碎得到成品。

原料介绍　本品原料中的氢氧化钠是中和丙烯酸以及调整体系 pH 值的碱，也可以选用氢氧化钾、碳酸氢钠或碳酸钠。

活性炭的作用是在丙烯酸盐溶液制得后去除其中的阻聚剂。

过硫酸钠和亚硫酸钠复合物为引发剂，可由以下方法制得：将亚硫酸钠与过硫酸钠分别溶解于水中，再将二者混合均匀。引发剂也可以选用过硫酸钠、过硫酸钾和亚硫酸钠、亚硫酸氢钠或与亚硫酸氢钾复合物。

尿素是防止交联剂，也可以选用 EDTA。

皂基是防止结团剂，也可以选用硬脂酸钠。

聚合助剂液各组分的配比范围是：防止交联剂 0.5～4 份，防止结团剂 0.1～0.5 份，引发剂 0.16～0.46 份，水 10～30 份。

产品应用　本品广泛适用于食品工业、造纸行业、城市污水处理、烧碱和纯碱制造业的盐水精制、制糖行业糖汁澄清以及氧化铝厂的赤泥沉降分离等各个领域。

产品特性　本品应用范围广，性能优良，分子量高，残留单体含量低，水溶解性能好，溶解时不结团，存放时不易吸潮，并且凝胶容易切碎干燥。

配方 65
锌盐-聚胺盐复合絮凝剂

原料配比

表1：聚胺盐

原料	配比（质量份）				
	1#	2#	3#	4#	5#
环氧氯丙烷	24.8	24.8	24.8	8.3	8.3
水	20	20	20	9	9
乙二胺	3.6	—	—	—	—
二乙烯三胺	—	3.8	—	—	—
三乙烯四胺	—	—	4	—	—
多乙烯多胺	—	—	—	0.85	1.7
己二胺	10	6	6	3.3	3.3
水	20	20	20	9	9

表2：絮凝剂

原料	配比(质量份)
聚胺盐	5
氯化锌	5
丙酮	6
水	余量

制备方法 先向装有冷凝管、滴液漏斗及搅拌器的三颈烧瓶中加入环氧氯丙烷与水，再慢慢滴加乙二胺、二乙烯三胺、三乙烯四胺、多乙烯多胺中的一种，己二胺与水的混合溶液，滴加完毕后，先在50℃反应1h，将加热温度升至85℃反应5h，用盐酸调节体系的pH值到5～6，得到黏度为100～150mPa·s，固体含量为40％～60％的聚胺盐。

在一只烧杯中称取前面制得的聚胺盐，加入水，并用盐酸调节pH值到4～5之间，得聚胺盐溶液。在另一只烧杯中称氯化锌（或硫酸锌）用丙酮溶解后，在搅拌下缓慢加入上面制得的聚胺盐溶液中，混合均匀即得锌盐-聚胺盐复合絮凝剂。

产品应用 本品主要应用于污水处理。

产品特性 本品特别适用于高含油、高浊度污水的处理，也可用于油田后期生产污水的处理，具有除油除浊效率高、絮凝速度快、加药量低等显著优点。

配方 66
壳聚糖基污泥脱水絮凝剂

原料配比

表1：疏水阳离子化壳聚糖

原料	配比(质量份)		
	1#	2#	3#
壳聚糖	110	400	500
异丙醇	1250(体积份)	4000(体积份)	5000(体积份)
水	1250(体积份)	3000(体积份)	6000(体积份)
20％～50％的2,3-环氧丙基二甲基辛烷基氯化铵水溶液	800(体积份)	3500(体积份)	4000(体积份)

表2：改性蒙脱土

原料	配比(质量份)		
	1#	2#	3#
钠基蒙脱土	20	45	65
乙醇/水(体积比为1/1)	1000(体积份)	3500(体积份)	5000(体积份)
丙烯酰氧乙基十二烷基溴化铵	3	—	—
丙烯酰氧乙基辛烷基溴化铵	—	8	—
丙烯酰氧乙基十六烷基溴化铵	—	—	16

表3：新型壳聚糖基污泥脱水絮凝剂

原料	配比(质量份)		
	1#	2#	3#
改性蒙脱土	10	20	40
水	150(体积份)	400(体积份)	500(体积份)
疏水阳离子化壳聚糖	100	100	100
引发剂	0.06	0.09	1.2
蒙脱土分散溶液	160(体积份)	300(体积份)	450(体积份)

制备方法

（1）疏水阳离子化壳聚糖的制备：在三颈烧瓶中加入壳聚糖、异丙醇、水，升温至35℃，溶胀30min；然后升温至60～80℃，缓慢加入浓度为20%～50%的2,3-环氧丙基二甲基辛烷基氯化铵水溶液，反应6h；产物用丙酮洗涤，于50℃真空干燥，得到浅黄色固体产物。

（2）改性蒙脱土的制备：将钠基蒙脱土（Na-MMT）分散在乙醇/水（体积比为1/1）的混合液中，于60℃搅拌1h，然后加入丙烯酰氧乙基长链烷基溴化铵，继续搅拌3h，产物于60℃真空干燥。

（3）新型壳聚糖基污泥脱水絮凝剂的制备：将改性蒙脱土分散于水中，进行超声分散10min（超声波功率300W）；将疏水阳离子化壳聚糖溶于水配制成20%～50%浓度的溶液，升温至40～80℃，通N2，加入引发剂，搅拌均匀；随后滴加蒙脱土分散液，反应3～6h；将产物冷却至室温，用丙酮沉淀洗涤，于40℃真空干燥6h，获得新型壳聚糖基污泥脱水絮凝剂。

产品应用　本品主要应用于水处理。

产品特性

（1）在壳聚糖分子中引入阳离子柔性长支链结构，通过其形成物理缠结网络结构，弥补壳聚糖分子量较低的缺陷，对带有负电荷的污泥能更好地发挥表面电荷中和及架桥网捕作用。

（2）将具有强吸附能力和离子交换能力的蒙脱土吸附剂与阳离子壳聚糖复

合，采用具有长链烷基的阳离子反应型表面活性剂修饰黏土表面，将表面活性剂分子接枝于壳聚糖分子上，增强黏土与壳聚糖分子的界面作用，同时，其阳离子长链结构也可增强其对污物的吸附、卷扫作用，从而实现污泥高效絮凝脱水。

配方 67
天然有机高分子絮凝剂

原料配比

原料	配比（质量份）	
	1#	2#
氯化铵	127.2	1909
乙酸酐	230.6（体积份）	3406（体积份）
淀粉	284	5682
NaOH	7	140
硫酸铈	11.48	229.5

制备方法

（1）将氯化铵与乙酸酐按摩尔比为（2∶1）～（1∶2）的比例放入容器中，加入水，使反应溶液中溶质浓度为 200～400g/L，封闭容器，在反应温度为 10～45℃下恒速搅拌反应 20～50min，即得到无色低黏度的阳离子单体。

（2）将淀粉倒入容器中，加入水配制成悬浊液，淀粉与 NaOH 质量比为（15∶1）～（30∶1），在淀粉悬浊液中倒入 NaOH 溶液，使淀粉与 NaOH 质量比为（15∶1）～（30∶1），碱化温度为 35～55℃，碱化时间为 50～60min。

（3）向步骤（2）的预糊化的淀粉中加入引发剂硫酸铈，引发剂硫酸铈与淀粉的质量比为（1∶5000）～（4∶5000）。搅拌并活化后，加入步骤（1）制得的阳离子单体，在 30～60℃温度下进行接枝改性反应，淀粉与阳离子单体质量比为（10∶1）～（1∶1），恒温反应 60～120min 后即得阳离子改性淀粉絮凝剂。

产品应用

本品主要应用于含泥量较高的生活污水、工业废水、反冲洗废水、各种沉淀池排泥的处理。

产品特性

本品具有絮凝功能的天然高分子物质原料丰富，价格低廉，尤为突出的是安全无毒，可以完全生物降解，具有良好的"环境可接受性"，而且具有分子量分布广、活性基团位点多、结构多样化等特点，通过化学改性可以将其制成性状优良的絮凝剂，具有制备条件易得、操作方法简单、无危险、可实现性强的特点。

配方 68

新型阳离子絮凝剂

原料配比

原料	配比（质量份）
多乙烯多胺	14.6
3-氯-1,2-环氧丙烷	13.9
盐	570
水	798

制备方法　将多乙烯多胺和 3-氯-1,2-环氧丙烷与水于反应釜中，开动搅拌，加热，温度保持在 80～110℃，并保温 5h 冷却，再加入盐和水，进行复配可制得 PN-52 型有机复合阳离子絮凝剂。

产品应用　本品主要应用于煤矿井水，选煤厂煤泥，以及石油化工、造纸、制革和印染等行业的废水处理。

产品特性

（1）本品比常规的药剂（如聚合氯化铝、聚合硫酸铁、硫酸铝等）与聚丙烯胺类絮凝剂联合使用的药剂用量少，从而降低废水处理费用。

（2）本品处理废水效果好，絮团沉降速度快，上清水浊度低，清澈透明，使废水再生复用，节约水资源。对选煤厂来说更具有重要意义，可以大大地提高水洗和浮选效果，提高了经济效益。

（3）本品絮团、沉渣的过滤性能好，对选煤厂来说，煤泥可全部厂内回收，既节能，又有利于环境保护。

（4）本品对设备腐蚀性小，减少设备维修次数，降低成本。

（5）本品为多功能药剂，既有凝聚作用，又有絮凝性能。另外，还具有助滤作用，故又可用作助滤剂。

配方 69

共聚絮凝剂

原料配比

原料	配比（质量份）						
	1#	2#	3#	4#	5#	6#	7#
丙烯酰胺	198	100	120	200	—	—	—

原料	配比（质量份）						
	1#	2#	3#	4#	5#	6#	7#
甲基丙烯酰胺	—	—	—	—	120	200	160
N,N-二甲基丙烯酰胺	—	60	—	—	—	—	—
丙烯酰氧乙基三甲基氯化铵	120	100	120	140	140	60	50
甲基丙烯酰氧乙基三甲基氯化铵	30	50	30	30	30	30	30
2-丙烯酰基-2-甲基丙磺酸钠	20	15	20	—	—	—	—
丙烯酸钠	—	10	10	10	10	—	—
丙烯酰基吗啉	—	—	10	—	—	40	25
水	624	700	600	600	600	650	650
过硫酸钾	0.06	0.05	—	0.04	—	—	0.035
过硫酸铵	—	—	0.05	—	—	—	—
亚硫酸氢钠	0.05	0.04	0.04	0.04	—	—	0.025
V50	—	0.02	0.03	—	0.03	0.06	—
V044	—	—	—	—	0.05	0.06	0.06

【制备方法】 在反应器中加入非离子单体、阳离子单体、阴离子单体和水，除氧后将 pH 值调节至 4~5，加入引发剂在 2~5℃下聚合。反应结束后，将聚合物造粒、干燥、粉碎即得到产品。

聚合反应以温度开始上升为反应起点，温度不再上升为反应终点，整个反应时间可以控制在 1~5h，优选为 2.5~3.5h。

【原料介绍】 所述的非离子单体为丙烯酰胺、甲基丙烯酰胺及其氮取代物；阳离子单体为丙烯酰氧乙基三甲基氯化铵、甲基丙烯酰氧乙基三甲基氯化铵或二者的组合；阴离子单体可为丙烯酸钠、2-丙烯酰基-2-甲基丙磺酸钠和丙烯酰基吗啉中的一种或几种的组合；所述的引发剂为氧化还原引发剂、水溶性的偶氮类引发剂或二者的组合。

其中，所述氧化还原引发剂为过氧化物与亚硫酸氢钠的组合，或者过硫酸盐与亚硫酸氢钠的组合；所述的水溶性的偶氮类引发剂为 V044、V50 或二者的组合；所述的过氧化物为过氧化氢；所述的过硫酸盐为过硫酸钾、过硫酸铵或二者的组合。

【产品应用】 本品主要应用于水处理。

【产品特性】 本品制备的絮凝剂是由多种阴、阳离子单体与丙烯酰胺共聚，外观为白色颗粒，固含量大于 88%，溶解时间 40min，分子量（1300~1700）×10^6。该产品具有更高密度带电基团，对水中胶体、悬浮颗粒的吸附捕捉能力更强，耐高温、抗高盐、抗酸碱，与其他絮凝剂相比，具有广谱性高、稳定性好、絮凝效果好的特点。

配方 70
阳离子/两性接枝型聚丙烯酰胺絮凝剂

原料配比

原料	配比（质量份）		
	1#	2#	3#
淀粉	3	—	5
微晶纤维素	—	2	—
0.1mol/L 的 KMnO₄ 溶液	3（体积份）	4（体积份）	10（体积份）
丙烯酰胺	6	5	10
30%的氢氧化钠溶液	1.2（体积份）	0.8（体积份）	2（体积份）
硫酸钠	—	1.4	3
壬烷基酚 EO 加成物	—	1.4	—
40%的二甲胺	19.2（体积份）	3.7（体积份）	1.9（体积份）
37%的甲醛	2.28（体积份）	5.3（体积份）	11.4（体积份）
60%的二乙胺	—	—	7.6（体积份）
碳酸氢铵	2	—	—
聚乙二醇单月桂酸酯	2	—	—
硫酸二甲酯	—	—	13（体积份）
水	180（体积份）	140（体积份）	120（体积份）

制备方法

方法 1：淀粉加水，在 70～95℃下糊化 0.5h，冷却至30～50℃，加入 0.1mol/L 的 KMnO₄ 溶液，通氮 0.5h，加入丙烯酰胺，反应2～24h；然后加水，搅拌均匀，加入 30%的氢氧化钠溶液，反应 1h；预先把 40%的二甲胺和 37%的甲醛混合反应并冷却至 50℃，加入反应体系中，反应 2～24h；反应后加入碳酸氢铵和聚乙二醇单月桂酸酯。

方法 2：微晶纤维素加水，60℃下加入 0.1mol/L 的 KMnO₄ 溶液，通氮 0.5h，加入丙烯酰胺，反应 2h，加水，搅拌均匀；升温至 70℃，加入 30%的氢氧化钠溶液，反应 1h；加入硫酸钠和壬烷基酚 EO 加成物，再加入预先把 40%二甲胺与 37%甲醛混合的反应产物，反应 0.5h。

产品应用

本品主要用作污泥脱水剂及多种工业废水处理剂。

产品特性

本品采用添加水溶性无机盐或非离子表面活性剂而使产品黏度下降、流动性变好，反应过程易于控制，产品溶解性能好。所述的无机盐包括钾、钠、铵的硫酸盐、碳酸盐及其等同物，所述的非离子型表面活性剂包括聚氧乙烯烷基醚、聚乙二醇型非离子表面活性剂及多乙醇型非离子表面活性剂及其等同物。

本品具有原料易得、生产成本低、工艺简单、反应条件温和、产品综合性能好、絮凝性能高、使用范围广等优点。

配方 71
阳离子聚丙烯酰胺污水絮凝剂

原料配比

原料	配比(质量份)
丙烯酰胺	50～60
丙烯酸二甲氨基乙酯氯甲烷盐	10～20
甲基丙烯酸二甲氨基乙酯氯甲烷盐	20～30
氯化铵	3～5
复合引发剂	0.01
表面活性剂十二烷基磺酸钠	0.01

制备方法

(1) 取丙烯酰胺、丙烯酸二甲氨基乙酯氯甲烷盐、甲基丙烯酸二甲氨基乙酯氯甲烷盐、氯化铵，充分混合后加水配制成浓度为 23%～28% 的混合溶液。

(2) 将步骤 (1) 混合溶液降温至 15℃，在密闭容器内通氮除氧充分后，加入复合引发剂、表面活性剂十二烷基磺酸钠，再通氮除氧 30～50min，保温 4h 后出料、造粒、干燥、粉碎成颗粒即得成品。

原料介绍 所述的复合引发剂为亚硫酸氢钠和过硫酸铵。

产品应用 本品主要应用于污水处理。

产品特性 使用本品时，完全溶解时间可缩短至 30min 内，絮凝物的分子量大于 800 万，超过了国内和国外同类产品的性能，完全符合目标值。由于提高了污水处理剂的使用效率，使处理后的清水得以重复利用，节约了宝贵的水资源，也避免了污水对环境的污染。

配方 72
阳离子型高分子絮凝剂

原料配比

原料	配比(质量份)			
	1#	2#	3#	4#
甲基丙烯酸二甲氨基乙酯	15.7	37.68	28.8	9.6

续表

原料	配比(质量份)			
	1#	2#	3#	4#
1mol/L 的 HCl	15(体积份)	45(体积份)	30(体积份)	5(体积份)
丙烯酰胺	28.4	4.26	16.9	38.6
水	400(体积份)	440(体积份)	400(体积份)	440(体积份)
过硫酸钾(引发剂)	10^{-4}mol/L	—	—	2×10^{-4}mol/L
过硫酸铵(引发剂)	—	5×10^{-4}mol/L	4×10^{-4}mol/L	—
过硫酸钠(引发剂)	—	—	—	1×10^{-5}mol/L

制备方法　首先将甲基丙烯酸二甲氨基乙酯单体季铵化；然后将丙烯酰胺、甲基丙烯酸二甲氨基乙酯季铵化单体、水按比例混合后，吹氮气除溶解氧；最后加入引发剂进行聚合反应。

原料介绍　甲基丙烯酸二甲氨基乙酯单体季铵化反应为向甲基丙烯酸二甲氨基乙酯单体中加入盐酸，调节 pH 值为 2~9，优选为 4~8，反应为剧烈放热反应，应在水浴或冰水浴中进行或采取其他的温度控制措施。丙烯酰胺和甲基丙烯酸二甲氨基乙酯季铵化单体的聚合的配比（摩尔比）为丙烯酰胺：甲基丙烯酸二甲氨基乙酯＝(10：1)~(1：10)，最佳聚合配比为丙烯酰胺：甲基丙烯酸二甲氨基乙酯＝(8：1)~(1：8)，单体聚合的总浓度为 0.5~1.5mol/L，最佳聚合浓度为 0.6~1.2mol/L，聚合的反应温度为 20~90℃，最佳温度为 30~80℃，聚合反应时间为 1~15h，最好是 5~6h。聚合过程采用不同的引发剂体系进行自由基聚合反应，引发剂可以采用过硫酸盐或过硫酸盐与亚硫酸盐组成的氧化还原引发体系，引发剂的加入量为单体总量的 10^{-4}~10^{-3}mol/L，最佳加入量为 10^{-4}~5×10^{-4}mol/L，过硫酸盐与亚硫酸盐的配比为 1：(0~1)，其中过硫酸盐可以是过硫酸钾、过硫酸铵、过硫酸钠等中的一种或几种，亚硫酸盐可以是亚硫酸钠、亚硫酸氢钠、亚硫酸钾、亚硫酸氢钾、亚硫酸铵和亚硫酸氢铵等中的一种或几种。

产品应用　本品主要应用于石油、石化、化工、轻工等行业的污水、污泥处理。

产品特性　本品的特性黏度为 500~1200cm³/g，阳离子度为 1.0~4.5mol/g，转化率达到 92％以上，而且反应时间较短，整个聚合反应仅需 5~6h 即可完成。本品对污水、污泥处理时，具有絮凝效果好，生渣量少，去除悬浮物（SS）、COD、油效果好等优点。

配方 73
阳离子絮凝剂

原料配比

原料	配比(质量份)				
	1#	2#	3#	4#	5#
30%的液体丙烯酰胺	500	600	900	119	300
丙烯酸二甲氨基乙酯	14.3	14.3	14.3	14.3	14.3
一水柠檬酸	7	7	6.3	8.48	7
EDTA	300×10^{-6}	500×10^{-6}	400×10^{-6}	200×10^{-6}	50×10^{-6}
氧化还原引发剂	溶质总质量的 0.02 倍	溶质总质量的 0.05 倍	溶质总质量的 0.005 倍	溶质总质量的 0.01 倍	溶质总质量的 0.03 倍
尿素	溶质总质量的 5%	溶质总质量的 5%	溶质总质量的 5%	溶质总质量的 5%	溶质总质量的 5%

制备方法

(1) 向 30%的液体丙烯酰胺中加入丙烯酸二甲氨基乙酯, 丙烯酰胺与丙烯酸二甲氨基乙酯的质量比为 1:(0.05~0.4)。

(2) 在搅拌条件下加入一水柠檬酸, 一水柠檬酸的用量为丙烯酸二甲氨基乙酯物质的量的 0.3~0.4 倍, 加水, 调整溶质质量分数为 15%~35%。

(3) 加入溶质总质量 50×10^{-6}~500×10^{-6} 的 EDTA, 在 0~40℃下通入氮气 20~40min 驱除溶解氧, 依次加入溶质总质量 0.005~0.05 倍的氧化还原引发剂, 溶质总质量 0.1%~8%的尿素。

(4) 继续通入氮气 10~20min, 将溶液体系密闭, 物料自发升温, 引发聚合反应。

(5) 反应结束后, 切碎胶块、烘干、破碎后得到本产品。

原料介绍
上述氧化还原引发剂为过硫酸铵、亚硫酸钠, 质量比为 1:(0.5~2.0); 过硫酸钾、甲醛合次硫酸氢钠, 质量比 1:(0.5~2.0)。

产品应用
本品主要应用于水处理。

产品特性
本品制备工艺简单, 使用效果好, 对于去除污水中的重金属效果显著。

配方 74

阳离子型絮凝剂

原料配比

表1：絮凝剂

原料	配比(质量份)			
	1#	2#	3#	4#
水	103.5	157	161.5	215.3
聚氧化乙烯	0.87	2.25	4.78	7.13
还原剂三乙醇胺	0.087	0.067	0.06	0.014
A溶液	17	19.7	21.6	24
B溶液	2	2	2	2
水溶性交联剂 N,N-亚甲基双丙烯酰胺	4×10^{-6}	7×10^{-6}	1×10^{-5}	2.1×10^{-5}

表2：A溶液和B溶液

原料		配比(质量份)			
		1#	2#	3#	4#
A溶液	50%的丙烯酰胺溶液	142	142	142	142
	65%的二甲基二烯丙基氯化铵	24.8	—	—	—
	75%的甲基丙烯酰氧乙基三甲基氯化铵	—	55.4	—	77.54
	65%的丙烯酰氧乙基三甲基氯化铵	—	—	74.5	20.86
B溶液	过硫酸铵	0.07	0.06	0.05	0.014
	水	20	20	20	20

制备方法

将浓度为50%的非离子单体与浓度为65%～75%的阳离子单体混合，为A溶液；将引发剂溶解在20g水里，为B溶液。

在装有温度计、电动搅拌器、回流冷凝器和滴加管道的1000mL的四颈烧瓶中加入水、聚氧化乙烯（分子量为20000），搅拌溶解后，加入还原剂三乙醇胺搅拌均匀，加入A溶液、B溶液及水溶性交联剂 N,N-亚甲基双丙烯酰胺。

充氮驱氧30min后，加热升温，当体系温度升至70～85℃时，反应15～30min，然后同时滴加溶液A和溶液B，溶液A的滴加时间为2h，溶液B的滴加时间为2.5h，滴加完毕后，在此温度下反应2h后，开始降温，温度降至40℃时出料。

原料介绍

所述的非离子单体为丙烯酰胺或甲基丙烯酰胺等中的一种。

所述的阳离子单体为丙烯酰氧乙基三甲基氯化铵、甲基丙烯酰氧乙基三甲基氯化铵、二甲基二烯丙基氯化铵、甲基丙烯酰氧乙基苄基二甲基氯化铵或丙烯酰氧乙基苄基二甲基氯化铵等中的一种以上。

所述的分散介质为聚氧化乙烯（PEO），平均分子量为 10000～50000。

所述的水溶性交联剂为 N,N-亚甲基双丙烯酰胺。

所述的引发剂为过硫酸钠、过硫酸铵或过硫酸钾等中的一种。

所述的还原剂为二乙醇胺、三乙醇胺、二乙胺或三乙胺等中的一种。

产品应用 本品主要应用于水处理。

产品特性 本品采用水介质分散聚合法，简化了生产工艺，降低了生产成本，生产工艺易于控制与实施，提高了产品质量，减少了环境污染。所制得的产品是高分子活性组分在水相中均匀、稳定分散的液体，固含量高且溶解性好，易于制备和使用。使用时不需要庞大的溶解设备，可以在管道中直接注入，便于自动化操作和准确计量，节省了人力，使用时无有害的有机溶剂，杜绝了对环境的二次污染，有利于环境保护和节约能源。

配方 75
阳离子有机高分子絮凝剂

原料配比

原料	配比（摩尔比）								
	1#	2#	3#	4#	5#	6#	7#	8#	9#
三甲胺	—	0.5	—	—	—	—	—	1	—
环氧氯丙烷	—	0.5	—	—	—	—	—	1	—
丙烯酰胺单体	0.1	1	0.2	0.2	2	2	4	2	6
丙烯酸甲酯单体	0.1	0.5	0.2	0.4	3	3	2	1	9
过硫酸钾	占总溶液质量的0.02%	—	占总溶液质量的0.03%	占总溶液质量的0.01%	占总溶液质量的0.02%	占总溶液质量的0.03%	占总溶液质量的0.03%	—	占总溶液质量的0.02%
亚硫酸钠	占总溶液质量的0.02%	—	占总溶液质量的0.06%	占总溶液质量的0.06%	占总溶液质量的0.02%	占总溶液质量的0.05%	占总溶液质量的0.07%	—	占总溶液质量的0.02%
引发剂过硫酸钾和亚硫酸钠	—	占总溶液质量的0.02%	—	—	—	—	—	占总溶液质量的0.02%	—
2,3-环氧丙基三甲基氯化铵单体	0.1	—	0.2	0.2	1.5	1.5	1	—	4.5

制备方法

（1）丙烯酰胺-丙烯酸甲酯共聚物的制备：在搅拌的条件下，将摩尔比为 2：（1~4）的丙烯酸甲酯和丙烯酰胺溶于水，配成总质量分数为 12%~18% 的溶液；赶尽氧气再连续充入保护气，加入溶液总质量 0.01%~0.03% 的过硫酸钾和溶液总质量 0.01%~0.07% 的亚硫酸钠作为引发剂，在 55~65℃ 下聚合反应 12~36h，得到丙烯酰胺-丙烯酸甲酯共聚物溶液。

（2）量取 2,3-环氧丙基三甲基氯化铵，2,3-环氧丙基三甲基氯化铵与步骤（1）中所加的丙烯酸甲酯的摩尔比为（1~2）：2，在 70~80℃、搅拌条件下，将 2,3-环氧丙基三甲基氯化铵加入到丙烯酰胺-丙烯酸甲酯共聚物溶液中，全部加完后再继续反应 15~25min，得到丙烯酰胺-丙烯酸甲酯三甲基氯化铵溶液，最后将溶液在 90~100℃ 下烘干，粉碎即得所述的絮凝剂。

其中，所述步骤（1）中，丙烯酸甲酯和丙烯酰胺的摩尔比最好为 1：2；所述配成的溶液的总质量分数最好为 15%；所述加入的引发剂最好为 0.02% 的过硫酸钾和 0.02% 的亚硫酸钠；所述聚合温度最好为 60℃，聚合反应时间最好为 24h。

所述步骤（2）中，反应的温度最好为 75℃，所述全部加完后再继续反应的时间最好为 24min。

产品应用

本品主要应用于絮凝脱墨废水。

产品特性

（1）本品具有分子量大、化学性质稳定的特点。

（2）所得的絮凝剂分子长链上既有酰氨基团，又有大量带正电荷的阳离子基团，并且电荷分布均匀，在酸性或碱性条件下均呈现阳电性，因此对悬浮颗粒带负电荷的污水进行絮凝沉淀有极强的澄清效果，对脱墨废水、印染废水的 COD 去除率高达 93.4%。

（3）本品制备方法及工艺简便、设备成本低、反应条件容易控制。

配方 76
阳离子高分子絮凝剂

原料配比

原料	配比（质量份）	
	1#	2#
淀粉或纤维素	5	5
丙烯酰胺	12	12
甲醛	12	12

续表

原料	配比（质量份）	
	1#	2#
二甲胺	16.7	16.7
催化剂	适量	适量
溶剂	249	218

制备方法

（1）将淀粉或纤维素及部分溶剂加入装有搅拌装置的反应釜中，再加入催化剂，在40～70℃的温度条件下反应30min，然后加入丙烯酰胺，温度维持在40～70℃反应2.5～5h。

（2）在步骤（1）混合物中加入二甲胺，在40～70℃温度下反应30～60min，再加入甲醛，温度维持在40～70℃反应1～2.5h，最后加入剩余的溶剂，反应30～60min，至物料搅拌均匀即可出料。

原料介绍

原料中的淀粉或纤维素，其细度为200～1000目，优选细度为500目；丙烯酰胺可选用工业级或三级试剂，优选工业级；甲醛可选用质量分数为30%～36%的工业级或三级试剂，优选质量分数为36%的工业级；二甲胺可选用质量分数为33%～40%的工业级或三级试剂，优选质量分数为40%的工业级；催化剂可以是铈盐、过氧化氢、高锰酸钾-无机酸或过硫酸钾-亚硫酸盐，优选高锰酸钾-硫酸（或乙酸）、过硫酸钾-亚硫酸钠氧化还原催化剂；溶剂可以选用水。

产品应用

本品是用于污水处理的絮凝剂。使用时，其用量一般为污泥浓度的0.1%～1%之间。

产品特性

本品用量少，处理成本低，脱水时间短且效率高，与污泥混合15～20s形成大絮状泥团而迅速沉淀，使溶液澄清。

配方 77
阳离子型高分子絮凝剂

原料配比

原料	配比（质量份）					
	1#	2#	3#	4#	5#	6#
聚丙烯酰胺	850	124	238	36	750	1230
水	4000	727.8	730	3000	2237	3776.4
催化剂	40.24	0.1325	0.11325	0.3	0.18	0.272

续表

原料	配比（质量份）					
	1#	2#	3#	4#	5#	6#
苛性碱	5	0.8	1	2.7	2.5	4.8
甲醛	74.4	13.6	16.6	42	50.8	74.4
二甲胺	85	17.2	19.2	50	60	85

制备方法

（1）在氮气置换反应容器（氮气的压力为 $2\sim3kgf/cm^2$）内放入水，将聚丙烯酰胺加入到水中，搅拌使之完全溶解。

（2）在步骤（1）溶液中加入苛性碱，调整 pH 值在 8～9 之间，然后加入催化剂，并搅拌均匀。

（3）向步骤（2）溶液中加入甲醛，反应温度控制在 48～52℃，加完后保温反应 1h。

（4）将步骤（3）溶液升温到 68～72℃，加入二甲胺进行反应，待二甲胺加完后保温反应 1h，得到无色透明胶体溶液即为成品。

原料介绍

原料中的聚丙烯酰胺可以通过以下方法制得：向丙烯酰胺单体（可以是丙烯酰胺晶体或丙烯酰胺水溶液）中加入水，使丙烯酰胺的含量为 8%～10%，再加入丙烯酰胺质量 $2.1\times10^{-4}\sim3\times10^{-4}$ 倍的催化剂，在 60℃ 温度下搅拌反应 10～60min 即可。

原料中的催化剂是指过硫酸盐催化剂，可以是过硫酸钾、过硫酸钠、过硫酸铵等；原料中的苛性碱可以是苛性钠或苛性钾。

产品应用

本品主要用于污水处理。

产品特性

本品原料易得，成本低，设备投资小，制备工艺简单，生产周期短；性能优良，具有架桥吸附作用及电荷中和作用，同液体中的悬浮颗粒混凝时间短，形成的絮块大而且较密实，沉降速度快；对污泥的沉降脱水更彻底，处理后的污泥可当复合农家肥使用，不会造成土壤板结，又避免了二次污染。

配方 78
冶金废水絮凝剂

原料配比

原料	配比（质量份）		
	1#	2#	3#
聚丙烯酰胺	15	26	20
聚丙烯酸酯	18	10	15

原料	配比（质量份）		
	1#	2#	3#
硫酸铝钾	7	10	8
天然有机酸	5	2	5
聚硅酸盐	12	5	9

制备方法 将各组分混合均匀即可。

原料介绍 所述天然有机酸为草酸、富里酸、单宁酸、酒石酸中的一种。

所述聚硅酸盐为聚硅酸铝或聚硅酸铁。

聚丙烯酰胺是直链状聚合物，因每个分子是由 10 万个以上的单体聚合构成，分子链相当长。它如果完全伸直，长度要比一般的分子（如蔗糖）或离子（如 Ca^{2+}）长数万倍以上。由于它的分子长而细，会弯曲或卷曲成不规则的曲线形状。这个长分子链向外侧伸出许多化学活性基团，如酰氨基—$CONH_2$ 及羧基—COO—。酰氨基是非离子性基团，可与其他物质的活性基团吸附并连接起来。由于聚丙烯酰胺分子长而细，并有许多化学活性基团，它们能和沉淀微粒产生很多连接而形成较大的絮凝物，这些絮凝物的结构就像棉絮那样，松散、无定形，互相连接但不很稳固，内部有很多空间和很多微细的网络，包藏着大量液体，因而絮凝物的相对密度颇接近它所存在的液体本身。絮凝物中还网络了各种各样的微粒，这就将各种不同成分、不同性质、不同大小的微粒集合在一起。由于絮凝物的尺寸较大，它的沉降和过滤都比较快。

聚合硅酸酯易溶于水（在整个 pH 值范围内完全溶于水，且不受低水温的影响），不成凝胶，水解稳定性好，适用水质范围广且不受低水温的影响，非常适合与其他絮凝剂复合使用。

天然有机酸具有一定的吸附能力，能够吸附重金属离子。

产品应用 本品主要应用于水处理。

产品特性 本品处理冶金废水具有较理想的效果。

配方 79
以香草醛改性壳聚糖作絮凝剂

原料配比

表 1：香草醛改性壳聚糖

原料	配比（质量份）
壳聚糖	10
香草醛	10
水	100（体积份）
95％乙醇	70（体积份）
丙酮	50（体积份）

表2：絮凝剂

原料	配比（质量份）		
	1#	2#	3#
香草醛改性壳聚糖	2	1	1
三氯化铁	5	8	10
水	1000（体积份）	1000（体积份）	1000（体积份）

制备方法

（1）将壳聚糖用95％乙醇浸泡4h后移入反应器内，按香草醛与壳聚糖1∶1的质量比加入香草醛，以水为溶剂在水浴上搅拌回流，再加入稀氢氧化钠溶液过滤清洗，再用丙酮萃取，然后去除未反应的香草醛等杂质，干燥得香草醛改性壳聚糖。水浴温度为70℃，反应时间为5h，反应溶液的pH值为6.0，稀氢氧化钠溶液的浓度为10％。所述壳聚糖的分子量为100万～120万，脱乙酰度为86.4％，香草醛为奶白色针状结晶。

（2）先投加三氯化铁水溶液，在300r/min时快速搅拌1～2min，再投加香草醛改性壳聚糖水溶液，降低转速至60r/min时慢速搅拌15～20min，静置15～20min，然后除去沉淀物得到产品。

产品应用

本品除用于海水净化预处理外，也可用于海水利用后排污水的处理。

产品特性

本品制备工艺操作简易，原料来源方便，投加量小，成本低廉；絮凝剂沉淀，易于生物降解，避免对水体造成二次污染；净化效率高，海水中浊度去除率达90％以上，COD_{Mn}去除率达到55％以上，UV_{254}去除率达到43％以上。

配方 80
阴离子絮凝剂

原料配比

原料		配比（质量份）		
		1#	2#	3#
A 溶液	氢氧化钠	80	64	72
	水	170	136	153
	丙烯酸	144	115	130
	活性炭	50	35	45
B 溶液	过硫酸铵	0.1	0.3	0.2
	水	20	20	20
C 溶液	亚硫酸氢钠	0.01	0.1	0.05
	水	20	20	20
水		506	397	451
分散介质聚乙二醇		5	3	3
分散稳定剂聚氧化乙烯		5	3	3

制备方法

取氢氧化钠在搅拌下溶解于水中，控制在温度 40℃ 以下，在冰浴条件下，将其缓慢加入到丙烯酸中，搅拌均匀，然后加入活性炭，搅拌 2h 后过滤，得丙烯酸钠溶液，即为 A 溶液。

取过硫酸铵溶解在水中，即为 B 溶液。

取亚硫酸氢钠溶解在水中，即为 C 溶液。

在装有搅拌、温度计、导气装置和进料装置的四颈烧瓶中，加入水、分散介质聚乙二醇和分散稳定剂聚氧化乙烯，搅拌溶解，通氮气 15min 后，加热升温至 70～80℃ 时，同时滴加 A、B、C 溶液，3～4h 滴加完毕后，在同温下继续反应 1～2h 后，降温至 50℃，开始放料，溶解时间为 15min。

原料介绍

所述的分散介质为聚乙二醇（平均分子量为 10000～20000）。

所述的分散稳定剂为聚氧化乙烯或聚乙烯吡咯烷酮（平均分子量为 10000～20000）中的一种。

产品应用

本品主要应用于水处理。

产品特性　本品具有分子量高、流动性好、残余单体含量低、水溶性能好等优点。

配方 81

印染废水脱色絮凝剂

原料配比

原料	配比(质量份)				
	1#	2#	3#	4#	5#
双氰胺	80	80	80	70	60
尿素	20	20	20	30	40
甲醛	210	200	200	230	230
氯化铵	38	40	75	40	40
新制液体聚合氯化铝	652	660	625	630	630

制备方法　在带有网流冷凝装置和加热夹套的搪瓷或不锈钢反应釜中，依次加入双氰胺、尿素、甲醛，开动搅拌，加入计量氯化铵的一半，先在 40～50℃下反应 1～2h，再升温到 80～85℃反应 1.5～2h，加入新制液体聚合氯化铝，降温至 40～50℃继续反应 0.5～1h，放料，室温熟化 24h 即得产品。

原料介绍　所述新制液体聚合氯化铝，也可用固体聚合氯化铝配制成 12% 的 Al_2O_3 溶液，沉降三天后使用。

产品应用　本品主要应用于印染废水处理。

产品特性

（1）使用部分尿素代替双氰胺参与缩聚反应，控制尿素的用量，合成的产品对脱色效果几乎没有影响，但制备成本得到大幅度降低。

（2）在合成过程中，使胺醛缩聚物与新制备的聚合氯化铝溶液进行复配。在一定的组成范围内，二者具有良好的相容性和优异的协同作用，复配产物的脱色效果和絮凝效果均有明显提高。

配方 82

用废胶原制备处理造纸黑液絮凝剂

原料配比

原料	配比(质量份)								
	1#	2#	3#	4#	5#	6#	7#	8#	9#
废猪皮屑	50	—	—	80	90	100	80	20	50

续表

原料	配比（质量份）								
	1#	2#	3#	4#	5#	6#	7#	8#	9#
废牛皮屑	—	60	—	—	—	—	20	80	50
废羊皮屑	—	—	70	—	—	—	—	—	—
水	200	250	250	265	280	300	300	300	300
2709 蛋白酶	0.3	0.6	0.5	—	—	—	0.7	—	—
1398 蛋白酶	—	—	—	0.6	—	—	—	—	0.7
537 酸性蛋白酶	—	—	—	—	0.5	—	—	—	—
胰蛋白酶	—	—	—	—	—	0.8	—	0.8	—
3-氯-2-羟丙基三甲基氯化铵	0.8	1.1	1.2	1.5	—	—	1.8	—	1.8
3-氯-2-羟丙基三乙基氯化铵	—	—	—	—	1.6	—	—	2	—
3-氯-2-羟丙基三羟乙基氯化铵	—	—	—	—	—	2	—	—	—

制备方法

（1）将废皮屑加入水中，常温浸泡 8～12h，然后加入蛋白酶，于 45～50℃ 温度下搅拌反应 3～5h，再在 pH 值为 4.0～4.5 和 70～90℃ 条件下搅拌反应 2～3h。

（2）降温至 50～60℃，调 pH 值至 8.0～8.5 后，加入季铵盐型阳离子化剂，搅拌反应 6～8h，过滤，清水冲洗至皮胶原絮凝剂表面无明显残留物后，于 50～60℃ 下干燥 6～8h，粉碎至 0.1～0.15mm 即可。

原料介绍

所用的蛋白酶为木瓜蛋白酶、2709 蛋白酶、菠萝蛋白酶、537 酸性蛋白酶、1398 蛋白酶或胰蛋白酶中的任一种。其中，优选 2709 蛋白酶、1398 蛋白酶或胰蛋白酶，更优选 2709 蛋白酶。

以上方法中所用的季铵盐型阳离子化剂为 3-氯-2-羟丙基三甲基氯化铵、3-氯-2-羟丙基三乙基氯化铵或 3-氯-2-羟丙基三羟乙基氯化铵中的任一种。

以上方法中所用的蛋白酶、季铵盐型阳离子化剂均为工业化试剂。

所制备的絮凝剂可单独使用，也可与其他絮凝剂（如聚氯化铝）协同作用于造纸黑液的吸附、絮凝、沉淀处理。

产品应用

本品主要应用于处理废水。

产品特性

（1）由于本品的制备采用了浸泡、酶解和粉碎等工艺，将废皮屑中的胶原纤维进行了充分分散，使其具有较大的比表面积，因而在处理造纸黑液时为吸附污染物提供了较大吸附面，既便于污染物更好地吸附，也便于污染物更好地与絮凝剂反应沉淀。

（2）由于本品高分子胶原絮凝剂的比表面积大，其含有的羧基、氨基、肽基等活性基团裸露得更多，因而使得它们更广泛地通过离子键、氢键或疏水键等方式，与造纸黑液中半纤维素及木质素的羟基、磺酸基等发生结合，促使黑液中可溶性污染物析出、吸附和沉淀出来。

（3）由于本品高分子胶原絮凝剂的比表面积大，其含有的羧基、氨基、肽基等活性基团裸露得更多，加之制备工艺中还对絮凝剂进行了阳离子化改性，因而使絮凝剂带有正电荷，以利于与造纸黑液中多以阴离子状态存在的污染物产生相互作用，促进污染物的沉淀去除。

（4）由于本品高分子胶原絮凝剂能有效降低造纸黑液的污染负荷，因而使造纸黑液的后期生化工程易于达标处理，提高黑液的总体处理效率，大大缩短其治理周期。

（5）由于本品所用的主要原料废皮屑价格低廉，其他的化工试剂也均为国产，来源广泛，加之整个制备过程简单，操作性强，因而不仅生产成本低，具有很强的价格竞争优势，而且还易于推广。

（6）由于造纸和制革是轻工行业的两大污染来源，本品基于"以废治废"的原则，以制革废弃物来制备处理造纸黑液的絮凝剂，因而既符合国家环境保护和可持续发展战略，又可减少环境污染和资源的浪费，同时可为治理造纸黑液寻求到了一种新的有机高分子絮凝剂。

配方 83
用于处理维生素 E 生产废水的生物活性絮凝剂

原料配比

原料	配比（质量份）					
	1#	2#	3#	4#	5#	6#
沸石	56	52	50	58	60	45
藻类干燥活性物	20	29	—	—	—	—
蓝藻干燥活性物	—	—	20	22	10	16
水藻干燥活性物	—	—	10	—	—	—
工业氢氧化钙	5	4	6	8	7	10
植酸	1.5	1	1	1	3	3
硫酸铝	3.5	5	5	2	1	5
活性炭	8	3	6	5	10	10
高分子树脂活性材料	5	3	4	2	7	7
高锰酸钾 1：3000 稀释液	4	3	2	2	2	4

制备方法

（1）藻类干燥活性物的制备方法如下：取材于藻类疯长地区或蓝藻污染地区，打捞沥干后，进行堆积熟化，即将打捞沥干的藻类在常温常压条件下，堆积成圆锥形，圆锥形的堆积高度不低于 0.8m，堆积时间为 24～40h，然后添加占堆积熟化后的藻类总质量 1%～5% 的絮凝和助凝物质，干燥至含水率 5%～12% 即得藻类活性干燥物。

（2）取配方量的沸石并粉碎至 10～80 目，取配方量的藻类干燥活性物并粉碎至 60～100 目，取配方量的工业氢氧化钙并粉碎至 30～60 目，取配方量的活性炭并粉碎至 60～100 目，取配方量的高分子树脂活性材料并粉碎至 30～60 目，取配方量植酸和高锰酸钾（1∶3000）稀释液，固液混合均匀；测定固液混合物的含水量在 5%～10% 时，即得所述生物活性絮凝剂。

产品应用
本品主要应用于废水处理。

产品特性

（1）制药废水成分复杂，不易回收，且回收流程复杂，成本较高。目前，还没有专门针对维生素 E 生产废水的污水处理剂。本品生物絮凝剂用作针对性处理维生素 E 废水。因为本品生物絮凝剂能针对性处理维生素 E 废水中的脱臭馏出物（含维生素 E≥6%）、甲醇、乙醇、丙酮、甲醇钠、硫酸等残留排放物。

（2）本品的生物活性絮凝剂，引入水藻类干燥活性物，通过其有机吸附能力，更好解决了污水问题。而且本品的生物活性絮凝剂还可以回收利用，滤干后，可用于农业生产基地营养元素添加剂或者化肥。

（3）常用的吸附剂有活性炭、活性煤、腐植酸类、吸附树脂等，本品在常用的吸附剂基础上，添加了植酸，进一步提高了吸附能力。

配方 84
用于处理印染废水的蛋白质絮凝剂

原料配比

表1：水解蛋白溶液

原料	配比（质量份）
动物蛋白粉	1
水	3.3
氨水	0.1

表2：蛋白质絮凝剂

原料	配比（质量份）				
	1#	2#	3#	4#	5#
水解蛋白溶液	100	150	100	50	100

续表

原料	配比(质量份)				
	1#	2#	3#	4#	5#
甲醛水溶液	30	8.1	—	—	—
双氰胺	—	8.4	—	—	—
尿素	23	—	—	—	—
40%的乙二醛水溶液	—	—	14.5	—	—
乙二胺	—	—	3	—	—
N,N-二甲基二烯丙基氯化铵	—	—	—	4	—
丙烯酰胺	—	—	—	2	—
氯乙酸	—	—	—	—	15

制备方法

（1）高压釜中加入动物蛋白粉、水和氨水（质量分数为20%）；搅拌下缓慢升温，约1h温度升至140℃，保持该温度进行水解反应2h，反应结束；降温过滤并洗净滤渣，合并滤液和洗液得到水解蛋白溶液。

（2）将水解蛋白溶液加入到具有搅拌器、温度计的四口玻璃反应瓶中，开动搅拌，加入化学改性剂，调节反应体系pH=9，升温到60℃，保温反应5h，冷却出料，得黄色黏稠液体。

原料介绍

所述化学改性剂选自以下1~2种：有机胺类、醛类、卤代羧酸类或含有不饱和双键并可以进行Micheal加成的化合物。上述化学改性剂可与水溶性蛋白质结构上的氨基、羟基或巯基等进行反应，起到交联、架桥的作用，以此增大分子量并引入更多的阳离子或阴离子基团，以利于絮凝废水中的染料分子。

用于制备本品蛋白质絮凝剂的化学改性剂可以与蛋白质分子中一个或几个特定基团发生反应，从而起到对蛋白质改性的作用。实际操作中，为保证反应顺利进行，应根据具体选用的化学改性剂与蛋白质分子上特定基团的反应类型调节反应体系的pH值。这一点，对于该领域的技术人员是不难理解的。

当选用有机胺类化合物作为化学改性剂对水溶性蛋白质进行改性时，可以同时应用醛类化学改性剂作为交联剂，与蛋白质分子中的氨基、羟基以及巯基等发生交联或接枝等反应。反应于50~80℃进行，化学改性剂的加入量为0.5~5mol/100g水溶性蛋白质。所述的有机胺类化学改性剂选自尿素、乙二胺、己二胺、双氰胺、三聚氰胺、一甲胺、二甲胺、单乙醇胺或二乙醇胺，所述的醛类化学改性剂选自甲醛或乙二醛，两类化学改性剂的摩尔比为1:(1~2)。

当选用含有不饱和双键并可以进行Micheal加成的化合物作为化学改性剂，

对水溶性蛋白质进行改性时，通常在碱性条件下与蛋白质分子中的伯胺或者仲胺基团进行加成反应。反应于 60～100℃ 温度下进行，化学改性剂的加入量为 0.5～0.7mol/100g 水溶性蛋白质。所述的化学改性剂选自丙烯酰胺、N,N-二甲基二烯丙基氯化铵或丙烯酸类单体。也可以同时加入以上两种化学改性剂对水溶性蛋白质进行改性，此时，两种化学改性剂的摩尔比为 1∶(1～2)。

当选用卤代羧酸类化学改性剂对水溶性蛋白质进行改性时，这些卤代羧酸在碱性条件下与蛋白质分子中的氨基、羟基等发生取代反应。反应于 60～90℃ 温度下进行，化学改性剂的加入量为 0.5～1.0mol/100g 水溶性蛋白质。所述的卤代羧酸类化学改性剂选自氯乙酸或氯代丁二酸。

产品应用 本品主要应用于处理印染厂和染料生产厂所排放的多种含有活性、酸性、分散染料的废水。

本品使用方法：

（1）调节待处理废水的 pH 值。

（2）在快速搅拌下一次性或分批加入适量的蛋白质絮凝剂或其复配物，继续快速搅拌适当的时间（例如 5～20min）后再慢速搅拌适当的时间（例如 10～30min），最后静置沉降。

按照上述方法，本品絮凝剂或其复配物的使用量小于废水量的 0.5% 时，就可以显示出较好的处理效果。应用本品蛋白质絮凝剂或其复配物处理工厂排放的含染料废水时，建议先取小样进行预处理试验，以选取更适宜的絮凝剂品种并确定最佳的使用剂量。经过预处理试验，可以确定处理印染废水时优选品种的使用量在 0.01%～0.1% 范围内即可得到令人满意的处理效果。处理染料浓度过高的废水时，则需要相应增加絮凝剂的使用量。

产品特性

（1）脱色率高。对上述的染料在水中的脱色率明显高于目前工业常用的聚丙烯酰胺、聚合氯化铝、聚合硫酸铁等脱色絮凝剂。

（2）用量少。对比试验中，无论是处理模拟配制的染料水溶液还是取自工厂的印染废水，本品蛋白质絮凝剂的加入量在 0.01%～0.5% 范围内就已经显示出明显的效果。

（3）絮凝效率高，沉降速率快。本品蛋白质絮凝剂对废水中的染料等有机大分子絮凝速率明显高于现有的常用絮凝剂。

（4）制备工艺简单，成本低。本品的基础原料来源广泛，其中一些原料目前尚未充分利用、大量作废弃处理（既增加环境负担又浪费资源，如动物的羽毛、毛发等），亟待加以利用、变废为宝。

（5）由于原料来源于生物原料，且改性后蛋白质以及相关原料产品都可以生物降解，因此减少了二次污染。

配方 85

用于处理印染废水的有机-无机复合絮凝剂

原料配比

原料	配比（质量份）			
	1#	2#	3#	4#
玉米淀粉	10	6	20	15
25%的氢氧化钠溶液	4（体积份）	4（体积份）	10（体积份）	4（体积份）
0.5mol/L 的 $Al_2(SO_4)_3$ 溶液	600（体积份）	55（体积份）	700（体积份）	200（体积份）
0.5mol/L 的 $FeCl_3$ 溶液	90（体积份）	110（体积份）	15（体积份）	200（体积份）

制备方法

（1）改性淀粉的制备：将玉米淀粉配成 6%～20% 的淀粉溶液，在 40～90℃ 水浴中按玉米淀粉与碱的质量比（6～15）：1 加入碱液，搅拌，改性反应 1～8h。

（2）有机-无机复合反应：向铝盐与铁盐混合溶液中加入改性淀粉溶液，铝：铁：玉米淀粉（质量比）=（0.25～1）：（0.02～0.5）：1，用酸调节 pH 值到 1～4，在 40～90℃ 温度条件下搅拌，复合反应 2～5h。

在上述制备方法中，步骤（1）中，先以 100～300r/min 搅拌 5～10min，使淀粉均匀分布在水中，再在搅拌条件下加入碱液，开始时 100～300r/min 搅拌 3～5min，而后为 30～80r/min，改性反应 1～8h。

在上述制备方法中，步骤（2）所述搅拌是采用恒温磁力搅拌器中速搅拌。

在上述制备方法中，步骤（2）所述酸为硫酸或盐酸，碱为氢氧化钠或氢氧化钙。

产品应用

本品主要应用于印染废水处理，还可用于其他工业废水处理。

使用方法如下：用碱或酸调节印染废水 pH 值为 6～10（碱可选氢氧化钠、氢氧化钙，酸可选乙酸、硫酸或盐酸），按每升废水加入 5～15mL 复合絮凝剂，先快速搅拌 2～5min，再慢速搅拌 5～10min，静止放置 30min，取上清液测定 COD_{Cr} 去除率和脱色率。COD_{Cr} 去除率达 50% 以上，脱色率达 90% 以上。

产品特性

（1）铝铁复合絮凝剂兼具铝盐净水效果优良，铁盐沉降速度快、水处理成本低的优点，将铝铁复合盐与有机絮凝剂复合，能显著改善无机絮凝剂的稳定性，还能增强絮凝剂的吸附架桥能力，保证絮凝效果。

（2）本品复合絮凝剂采用天然高分子絮凝剂玉米淀粉替代合成高分子絮凝剂，易于生物降解，避免对水体造成二次污染。

（3）淀粉与铝盐及铁盐形成的复合絮凝剂在絮凝初期凭借淀粉链上结合的无

机絮凝盐所带的正电荷，通过压缩双电层过程絮凝废水中的污染物，然后在复合絮凝剂中富含多羟基的淀粉高分子链的网捕和架桥作用下，水体中微小颗粒物和污染物聚积形成大絮凝体而沉降。由于药剂投加量少，而且其原材料来源方便，配制工艺简单，因此成本较低。

（4）本品的复合絮凝剂不仅可用于印染废水处理，还可用于其他工业废水处理，具有较大的推广应用价值。

配方 86
用于中成药生产企业污水治理的絮凝剂

原料配比

原料	配比（质量份）					
	1#	2#	3#	4#	5#	6#
超微甲壳粉碎料	445	320	382	300	300	400
改性壳聚糖	50	70	110	30	120	100
纳米二氧化钛	0.5	2	3	0.5	5	5
白云母片	30	34	21	10	30	—
活性炭	20	40	20	10	10	—
沸石	450	530	460	550	450	490
植酸	4.5	4	4	4	4	5

制备方法

（1）取超微甲壳粉碎料、改性壳聚糖、纳米二氧化钛搅拌均匀，静置使其性质初步熟化，制成配料1。

（2）取沸石、活性炭混合搅拌均匀，制成配料2。

（3）将配料1和配料2混合均匀，边混合，边滴加植酸，制成絮凝剂。

产品应用　本品主要应用于污水处理。

产品特性

（1）本品生物絮凝剂用作针对性处理中成药生产废水。因为本品生物絮凝剂能针对性处理中成药生产水中目前普遍存在的重金属污染问题，壳聚糖很好地处理了重金属吸附这一难题，而且粉碎后的甲壳，本身含有一些高分子，易于在中成药污水中更好地水解或者吸附相应的有毒有害物质。同时，针对中成药污水中所存在的诸多生化难降解的问题，也可以随着后期过滤，产生较好的效果，使污水更具有可生化性。

（2）本品引入壳聚糖和超微粉碎后的甲壳，并且适度采用了常规的工艺，通过其有机吸附能力，更好地解决了污水问题，同时也降低了单纯使用壳聚糖而导致的成本过高的问题。而且本品生物活性絮凝剂还可以回收利用，滤干后，可用于农业生产基地营养元素添加剂，或者直接用于回收某些中成药原材料中所含有的特殊的高价值金属，如铜等。

（3）常用的吸附剂有活性炭、活性煤、腐植酸类、吸附树脂等，本品在常用的吸附剂基础上添加了植酸，进一步提高了吸附能力。

配方 87
油田水基压裂废水脱色絮凝剂

原料配比

原料	配比（质量份）
二甲胺	10
表氯醇	10
聚合物黏性产物	1.85
丙烯酸胺	2.15
异丙醇	2.55
水	加至100（体积份）
铈盐	0.01
羟基丁酸-羟基戊酸复合物（1∶3）	2.68
生物活性玻璃	0.5
氯化钠	20

制备方法

（1）将二甲胺加入反应器中，添加500mL水，在30℃下将表氯醇缓慢滴入反应器中，滴完后升温到120℃并恒温搅拌6h，反应后冷却至室温，得到季铵盐高聚物的黏性水溶液。

（2）在25℃下，取步骤（1）得到季铵盐高聚物的黏性水溶液，调节pH值为4～5，加入丙烯酸胺和异丙醇，添加水至100mL，搅拌加入铈盐，60℃下加热20min，待溶液黏稠，即得骨架产品。

（3）取羟基丁酸-羟基戊酸1∶3复合物在65℃三氯甲烷中溶解2h，随即加入生物活性玻璃和氯化钠，密封并超声分散，然后将混合物暴露于空气中24h以挥发三氯甲烷溶剂，随之取出该混合物，将其浸入水中，定时更换用水以除去氯化钠，由此制得多孔支架。

（4）将多孔支架浸入5%质量分数的二苯甲酮的丙酮溶液中12h，室温干燥以除去丙酮，随后，将预浸有二苯甲酮的多孔支架浸入装有10%质量分数骨架产品水溶液的反应器中，此系统在汞灯下采用氮气为保护气照射20min后，迅速转入盛有丙酮的索式抽提器中抽提48h，完全除去均聚物，将抽提物干燥至恒重，即得到该絮凝剂。

原料介绍 所述的高分子絮凝剂，其电解成分主要为阳离子基团（—$CONH_2$），分子量为 1200 万，水解离子度为 25%～30%；高分子骨架部分为丙烯酰季铵盐，支架为可生物降解型羟基丁酸-羟基戊酸复合物（按照 1：3 复合）；水解后骨架和支架单体小于 3%～5%；固体产品外观为白色或略带黄色粉末，液态为无色黏稠胶体状。

产品应用 本品主要应用于低渗透油田水基压裂废水脱色、除油、去除悬浮物处理。

产品特性 该高分子絮凝剂的投加量在 $5×10^{-6}$～$20×10^{-6}$ 范围内，可将压裂废水的色度由原始的 500°～1000°降低至 30°以下，油类污染物降低至 10mg/L 以下，悬浮物控制在 20mg/L 以下，远低于国家污水综合排放一级标准的规定。

配方 88
有机高分子复合絮凝剂

原料配比

原料	配比（质量份）		
	1#	2#	3#
氧化淀粉	16	—	—
磷酸酯淀粉	—	10	—
交联淀粉	—	—	18
聚二甲基二烯丙基氯化铵	80	54.5	3.6
聚丙烯酰胺（粉末状固体,离子度 70%,分子量 600 万）	32	—	—
聚丙烯酰胺 A（粉末状固体,离子度 30%,分子量 1200 万）	—	128	—
聚丙烯酰胺 A（粉末状固体,离子度 40%,分子量 1000 万）	—	—	10
聚丙烯酰胺 B（粉末状固体,离子度 80%,分子量 500 万）	—	32	—
聚丙烯酰胺 B（粉末状固体,离子度 60%,分子量 800 万）	—	—	10
水	适量	适量	适量

制备方法

（1）制备聚二甲基二烯丙基氯化铵：选二甲基二烯丙基氯化铵为原料，以过硫酸铵为引发剂，在 50～130℃温度下，经均聚 5～15h，即制得固含量为 35%～55%，特性黏数为 80～150mL/g 的聚二甲基二烯丙基氯化铵溶液。

（2）制备液体有机高分子复合絮凝剂：选用开口搪瓷反应釜为反应器，以水为分散剂，搅拌速度 50～80r/min，按顺序分别投加选用的原料改性淀粉，投加制备的聚二甲基二烯丙基氯化铵和投加选用的聚丙烯酰胺，投加所述原料的时间间隔为 5～10min，投加所述聚丙烯酰胺速率为 3～8kg/min，并同时用高压水枪将所述聚丙烯酰胺冲散至反应器中，保持反应器中的温度为 10～50℃，复合时间 0.5～3h，反应终点为聚丙烯酰胺颗粒均匀分散，溶胀成 0.5～2cm 小胶团，液体的分子量达到 400 万～1200 万，离子度达到 40％～80％，原料干重有效含量为 1％～5％，即得液体有机高分子复合絮凝剂。

原料介绍　选离子度为 30％～80％，分子量不低于 500 万的阳离子聚丙烯酰胺作为原料聚丙烯酰胺，所述阳离子聚丙烯酰胺采用一种粉末状固体或两种不同分子量、不同离子度的聚丙烯酰胺粉末状固体，选取比例为 1：(0.1～10)，选粉末状固体磷酸酯淀粉、黄原酸酯淀粉、乙酸酯淀粉、氧化淀粉或交联淀粉中的一种作为原料改性淀粉。

产品应用　本品主要应用于污泥脱水处理。

本品使用方法：将该液体絮凝剂用水稀释 5～20 倍，稀释时间约为 10～30min，加入污泥水当中，添加液体絮凝剂的用量为 1.8～3.0kg/t 干泥（市政污泥），或为 3.5～5.5kg/t 干泥（工业污泥），因此其使用方便、用量省。对于大型污泥处理车间，可满足其快速、大量的絮凝剂需求。另外，其可根据同一污泥不同时期特殊性质的变化，在生产中及时、灵活地调整原料配比。这不仅扩大了絮凝剂的适用范围，确保最快速度达到最优的处理效果，而且避免了特殊性质的变化造成的污泥脱水效果的波动。

产品特性　本品克服了以化学反应制备固体复合絮凝剂的缺陷，而且所采用的原料来源充足、配制合理。因添加改性淀粉使聚丙烯酰胺的用量明显减少，聚二甲基二烯丙基氯化铵和改性淀粉不属于危险化学品，故其与同类产品相比，毒性明显降低，操作安全，成本低廉。

配方 89
有机共聚两性高分子絮凝剂

原料配比

原料	配比（质量份）	
	1#	2#
二甲基二烯丙基卤化铵	16	32
聚合助剂乙二胺四乙酸钠与氟化钾的混合物	0.008	0.016
丙烯酸-N,N-二甲氨基乙酯	3	6
山梨酸（盐）	2	4
双官能团单体二丙烯酸酯	1	2
氧化还原引发剂过硫酸钾和亚硫酸氢钾的混合物	0.21	0.42
无机过氧化物引发剂过硫酸钾	0.05	0.1
水	适量	适量

制备方法

（1）在四颈反应瓶中加入二甲基二烯丙基卤化铵、聚合助剂和水，搅拌溶解，抽真空两次，每次时间5min，中间通氮一次，时间5min。

（2）用水稀释丙烯酸-N,N-二甲氨基乙酯，用水溶解山梨酸（盐）后加入双官能团单体二丙烯酸酯。

（3）在连续搅拌和通氮条件下，一次性加入氧化还原引发剂，升温至35～45℃，调整水溶液pH值为2～9，用一支滴液漏斗滴加丙烯酸-N,N-二甲氨基乙酯的水溶液，用一支滴液漏斗滴加山梨酸（盐）与双官能团单体二丙烯酸酯的混合液到四颈反应瓶中，二支滴液漏斗同时滴加，控制滴加速度，滴加时间是0.5～3h，滴加完后恒温0.5～4h，滴加和恒温过程中，每15min检查一次四颈反应瓶中反应液体的pH值，保持pH值为2～9。

（4）升温至75～85℃，加入无机过氧化物引发剂继续反应，每15min检查一次四颈反应瓶中反应液体的pH值，保持pH值为2～9，反应1～3.5h，冷却，出料，得到有机共聚两性高分子絮凝剂产品。

产品应用 本品主要应用于水处理。

产品特性

（1）本品所用单体无（低）毒，对环境几乎无影响。

（2）采用水溶性氧化还原剂作为低温引发剂，在后期加入水溶性过氧化物引发剂，保证了絮凝剂具有足够高的分子量，且转化率更高，残留单体含量更低。

（3）本品制备方法简单，反应条件温和，易于推广应用。

（4）本品性能稳定，适用于较宽的pH值范围，处理废水种类多，投入量小（仅为1～200mg/L），具有显著的经济效益。

配方 90
有机两性高分子絮凝剂

原料配比

原料	配比（质量份）	
	1#	2#
富马酸	2	3
聚合助剂乙二胺四乙酸钠和氟化钾的混合物	0.006	0.007
二甲基二烯丙基卤化铵	16	24
N-乙烯基吡咯烷酮	3	4.5
双官能团单体二丙烯酸酯	1	1.5
氧化还原引发剂过硫酸钾和亚硫酸氢钾的混合物	0.17	0.25
无机过氧化物引发剂过硫酸钾	0.05	0.075
水	适量	适量

制备方法

（1）在四颈烧瓶中加入富马酸、聚合助剂和水，搅拌溶解，抽真空两次，每次时间5min，中间通氮一次，时间5min。

（2）用水稀释二甲基二烯丙基卤化铵并装入滴液漏斗（a），用水稀释 N-乙烯基吡咯烷酮并装入滴液漏斗（b），用水稀释双官能团单体二丙烯酸酯并装入滴液漏斗（c）。

（3）在连续搅拌和通氮条件下，一次性加入氧化还原引发剂，升温至35～45℃，调整水溶液pH值为2～9，用滴液漏斗（a）滴加二甲基二烯丙基卤化铵的水溶液，用滴液漏斗（b）滴加 N-乙烯基吡咯烷酮的水溶液，用滴液漏斗（c）滴加双官能团单体二丙烯酸酯的水溶液到四颈反应瓶中，三支滴液漏斗同时滴加，控制滴加速度，滴加时间是0.5～3h，滴加完后恒温0.5～4h，滴加和恒温过程中，每10min检查一次四颈反应瓶中反应液体的pH值，保持pH值为2～9。

（4）升温至75～85℃，加入无机过氧化物引发剂，继续反应，每20min检查一次四颈烧瓶中反应液体的pH值，保持pH值为2～9，反应1～3.5h，冷却，出料，得到有机两性高分子絮凝剂产品。

产品应用

本品主要应用于废水处理。

产品特性

（1）本品所用单体无（低）毒，对环境几乎无影响。

（2）采用水溶性氧化还原剂作为低温引发剂，在后期加入水溶性过氧化物引发剂，保证了絮凝剂具有足够高的分子量，且转化率更高，残留单体含量更低。

（3）本品制备方法简单，反应条件温和，易于推广应用。

（4）本品性能稳定，适用于较宽的pH值范围，处理废水种类多，投入量小（仅为1～200mg/L），具有显著的经济效益。

配方 91
有机无机复合高效脱色絮凝剂

原料配比

原料	配比（质量份）		
	1#	2#	3#
40%的工业级乙二醛溶液	20	40	22.5
硫酸铝硫酸铁溶液	15	10	12.5
双氰胺	40	25	30
尿素	5	10	12.5
2,3-环氧丙基三甲基氯化铵改性阳离子淀粉	5	5	10
铝铁摩尔比为1:1的硫酸铝硫酸铁溶液	15	10	12.5

制备方法

（1）取 40％的工业级乙二醛溶液，置于配有水浴加热及冷凝回流装置的反应器中，然后加入硫酸铝硫酸铁溶液（来源为工业上的钢铁和铝制品的酸洗含铝铁废液，其中铝铁摩尔比为 1∶1）。

（2）加热至 30～50℃，再加入双氰胺和尿素，控制反应聚合温度在 75～85℃，反应 1～2h，加入 2,3-环氧丙基三甲基氯化铵改性阳离子淀粉和铝铁摩尔比为 1∶1 的硫酸铝硫酸铁溶液，保温 75～90℃继续反应 1～4h，接着降温，至 40℃以下出料，得到棕红色黏稠液体，即为有机无机复合高效脱色絮凝剂。

产品应用

本品主要应用于染料工业废水的脱色处理，适用于活性、酸性、分散等染料的废水处理，也可用于纺织印染、颜料、油墨、造纸等工业废水的脱色处理。

产品特性

（1）本品在传统双氰胺-甲醛缩聚物脱色剂制备工艺原理基础上，重新选用双氰胺、乙二醛为主要原料，同时添加尿素、季铵型阳离子淀粉、硫酸铝硫酸铁混合溶液作为产品改性剂，通过加温聚合反应制备无机有机复合新型高效脱色絮凝剂，进一步降低了产品成本。

（2）与传统双氰胺-甲醛脱色剂生产过程相比，本制备方法添加廉价季铵型阳离子淀粉，增大了聚合物产品分子量。添加廉价硫酸铝硫酸铁混合溶液既能作反应体系的酸性催化剂，保证聚合反应的顺利进行，又能利用有机物聚合过程消耗体系酸度，促使硫酸铝硫酸铁自身发生羟基聚合反应，以及硫酸铝硫酸铁与有机物之间发生羟基杂合聚合反应。在本品添加的硫酸铝硫酸铁混合溶液，其来源广泛、价格低廉，可以充分利用目前工业上的钢铁和铝制品的酸洗含铝铁废液，实现了变废为宝、废物循环再利用，降低了产品的制造成本，具有较强的价格竞争力。

（3）与传统双氰胺-甲醛脱色剂生产过程相比，本品选用乙二醛作为缩聚反应的交联剂替代甲醛，避免了产品中残留甲醛对环境的影响。

（4）本品制备的工艺流程，简单且易于操作管理，得到的有机无机复合高效脱色絮凝剂结构性能优异。反应中交联剂选用乙二醛，比传统甲醛交联剂多一个醛基，更容易加成聚合生产更高分子量的产物。

（5）双氰胺乙二醛反应最终产物为季铵型阳离子缩聚物，而印染废水中染料多为阴离子型，因此具有良好的脱色功能。反应中形成的共聚铝铁具有良好的絮凝沉降作用，故无须另外添加 PAC、PFS 或聚丙烯酰胺等水处理剂处理染色废水，是集脱色、絮凝等多种功能于一体的脱色絮凝剂。

配方 92
有机-无机离子型杂化高效絮凝剂

原料配比

原料	配比(质量份)		
	1#	2#	3#
丙烯酰胺	52	52	60
甲基丙烯酰氧乙基三甲基氯化铵	24	24	16
3%的氢氧化铝胶体溶液	400	—	—
1%的氢氧化铝胶体溶液	—	400	80
水	320	320	320
引发剂水溶液	4	4	4

制备方法

将丙烯酰胺、甲基丙烯酰氧乙基三甲基氯化铵和 $1\%\sim3\%$ 的氢氧化铝胶体溶液，一次性加入 1000L 搪瓷聚合釜中，再加入水，搅拌并通入氮气，升温至 $50\sim60℃$，加入引发剂水溶液，搅拌均匀，恒温反应 6h 后，即得离子型杂化絮凝剂溶液。

原料介绍

所述氢氧化物胶体指氢氧化铝、氢氧化铁、氢氧化镁、氢氧化锌胶体四种原料之一或一种以上，胶体粒径 $10\sim200nm$。所述阳离子型单体包括 N,N-二甲基二烯丙基氯化铵（DMDAAC）或（甲基）丙烯酰氧乙基三甲基氯化铵（DMC）两种原料之一。上述阳离子单体和丙烯酰胺（acrylamide，AM）均为市售产品。

产品应用

本品主要应用于水处理。

产品特性

（1）通过原位聚合，无机胶体粒子表面与有机高分子链链端之间形成离子键键合，避免了直接混合时高分子链对无机胶体粒子的吸附而导致的高分子链的絮凝有效性的降低。

（2）本品絮凝速度快，絮体大而密实，10min 内可达到完全沉淀。

（3）本品投药量小，最大用量为每吨废水加入有效成分 0.05kg，可节省药剂费用 30%。

（4）本品絮凝效果好、沉淀完全，所处理的废水的排放指标稳定、运行可靠。

配方 93
有机-无机物共聚絮凝剂

原料配比

原料		配比（质量份）		
		1#	2#	3#
含铝酸洗废液		700	857	900
脱色剂	双氰胺	60	44	40
	甲醛	90	74	44
	尿素	105	14	15
	羧基类	45	11	1

制备方法

（1）将双氰胺、甲醛和尿毒混合后加温至 70～75℃反应 90min，反应后加入羧基类至完全溶解后放置 24h，得到脱色剂。

（2）依次向装有温度计的反应容器中加入含铝酸洗废液和脱色剂，且控制含铝酸洗废液的质量分数为 83%～86%，脱色剂的质量分数为 14%～17%。

（3）搅拌均匀，使含铝酸洗废液和脱色剂充分溶解，同时对混合溶液进行加热，控制反应温度为 50～60℃，保温反应 30min 后冷却到室温，得到有机-无机共聚物絮凝剂。

原料介绍

所述的含铝酸洗废液采用一般性制药厂废酸；所述的羧基类采用羧甲基纤维素钠。

产品应用

本品主要应用于水处理，可广泛应用于印染废水降解 COD 及脱色处理。

产品特性

本品对现有胍类树脂絮凝剂中的胍类树脂部分进行改进，在其中增加了羧基类物质，使原有的絮凝配位效果进一步得到提高，脱色率及 COD 去除率显著提高，脱色率≥96%，COD 去除率达到 60%～80%。同时，本品复合含铝废酸洗液，能够形成稳定的多阳离子有机-无机聚合物，进一步提高了絮凝能力，絮体大、沉降速度快。另外，本品制备时间短、温度低，大大减少了能源消耗，有效降低了生产成本，节约了能源，并且含铝酸洗废液采用药品生产企业硫酸或盐酸酸洗工艺后的酸洗废液，回收利用了再生资源，提高了酸洗废液的利用率，进一步降低了原料成本。

配方 94
有机-无机原位复合絮凝剂

原料配比

原料	配比(质量份)							
	1#	2#	3#	4#	5#	6#	7#	8#
锂藻土	0.5	—	—	—	—	—	—	—
黏土	—	0.3	—	—	—	—	—	—
膨润土	—	—	0.3	—	—	—	—	—
蒙脱土	—	—	—	0.2	—	—	—	—
高岭土	—	—	—	—	0.4	—	—	—
粉煤灰	—	—	—	—	—	0.2	—	—
活性炭	—	—	—	—	—	—	0.4	—
累托石	—	—	—	—	—	—	—	0.3
水	50(体积份)	50(体积份)	50(体积份)	50(体积份)	—	50(体积份)	50(体积份)	50(体积份)
乙醇和水混合溶液(体积比为1:1)	—	—	—	—	50(体积份)	—	—	—
丙烯酰胺	5	4	4	6	5	3	5	6
丙烯酸	—	—	—	—	—	2	—	—
过硫酸钾	0.05	—	—	—	—	—	—	—
过硫酸铵	—	0.05	—	—	—	—	—	—
过氧化氢	—	—	0.03	—	—	—	—	—
偶氮二异丁腈	—	—	—	0.05	—	0.06	0.05	0.06
过氧化苯甲酰	—	—	—	—	0.05	—	—	—

制备方法　以无机粉末为分散相，加入丙烯酰胺、引发剂和溶剂组成混合溶液体系，在 40～70℃进行原位聚合反应 10～24h。

原料介绍　所述无机粉末为黏土、活性炭、蒙脱土、锂藻土、粉煤灰、高岭土、累托石、膨润土中的一种或多种的混合。

所述引发剂为过硫酸钾、过硫酸铵、偶氮二异丁腈、偶氮二异庚腈、过氧化二苯甲酰或过氧化氢。

所述溶剂为水、乙醇或其混合。

产品应用　本品主要应用于废水处理。

产品特性　本品絮凝剂可以使印染废水的脱色率达到 90％以上，并且利用高分子水凝胶的高吸水性可以达到迅速脱色的目的。本品絮凝剂的制备成本低，方法简便，合成条件温和，实用性强，易于工业化生产，利用无机粒子的片层结构剥离起到交联剂的作用，将高分子链连接在一起充分发挥高分子絮凝剂的架桥作用。无机粒子上所带的电荷还可以有效地进行电荷中和，对离子型染料的脱色效果更加有效。用高分子量的聚合物作为比表面积大的无机粉末的载体，还可以提高絮凝剂的回收效率，用溶剂将吸附的染料洗脱，方便多次使用。

配方 95
有机絮凝剂

原料配比

原料	配比（质量份）	
	1#	2#
甲醛	10	20
二甲胺	10	20
聚丙烯酰胺	40	50
苯乙烯磺酸盐	30	40
木质磺酸盐	20	30
苯烯酸	20	30

制备方法 将各组分混合均匀即可。

产品应用 本品主要应用于水处理。

产品特性 本品絮凝剂配方合理，制备方法简单，成本低廉，使用时操作方便，具有安全、环保、无毒、使用效果好的优点。

配方 96
有机高分子絮凝剂

原料配比

原料	配比（质量份）			
	1#	2#	3#	4#
无机铵盐	4	4	5	4
脂肪醛	25	26.8	28	30
二氰二胺	9	19	16	20
三氯化磷	15	20	23	23
添加剂	2	2.2	3	0.5
水	47	28	25	22.5

制备方法

（1）将无机铵盐溶于盛有脂肪醛和水的反应器中，反应温度控制在 $10 \sim$ 60℃，加入二氰二胺，并将反应温度升至 $60 \sim 95$℃，反应时间控制在 $0.5 \sim 3h$，进行缩聚反应。

（2）水解反应与酯化反应：将步骤（1）中的反应液温度降至 $20 \sim 70$℃，加入三氯化磷，再将反应温度升至 $90 \sim 120$℃，反应 $2 \sim 9h$，然后将物料温度降至 $45 \sim 85$℃，加入添加剂，继续反应 $1 \sim 3h$，冷却至室温得成品。

原料介绍

无机铵盐可以是磷酸二氢铵、硫酸铵、硫酸氢铵、硝酸铵、氯化铵其中的一种或两种以上的混合物。

脂肪醛可以是甲醛、乙醛、丙醛、丁醛、丙烯醛、多聚甲醛其中的一种或两种以上的混合物。

添加剂是指缓冲剂、稳定剂、链增长剂、消泡剂其中的一种或两种以上。其中，缓冲剂可以是磷酸二氢盐、磷酸氢二盐、蔗糖等；稳定剂可以是 PVA、吡咯烷酮、环碳酰胺等；链增长剂可以是乙烯脲、尿素、环亚乙烯脲等；消泡剂可以是硬脂酸等。

产品应用

本品特别适用于印染废水、制浆造纸废水、含活性基团的有机废水以及纺织废水的处理，还可用于循环冷却水、油田注水、低压锅炉水的缓蚀阻垢以及污泥脱水处理。

产品特性

本品原料易得，所需设备为常规设备，投资少，工艺流程简单，生产周期短且生产过程基本上无废气、废水、废渣排放，对环境污染小；性能优良，集絮凝、脱色、脱水、缓蚀和阻垢分散等多种功能于一体，耗药量低，处理效果理想；对高碱度、高色度的废水，处理后的水可以重新回用，处理后的废渣含水率低，可作为合成染料、超强吸水剂、颜料填料等产品的原料；稳定性好，无毒，便于存放与运输；使用方便，不受季节、区域限制。

配方 97
有机高分子絮凝药剂

原料配比

原料		配比（质量份）							
		1#	2#	3#	4#	5#	6#	7#	8#
聚合物A	二甲基二烯丙基氯化铵	500	800	750	600	400	300	250	200
	丙烯酰胺	500	200	250	400	600	700	750	800
	丙烯酸	100	10	50	100	150	200	250	300
	引发剂	适量	适量	适量	适量	适量	适量	适量	适量

原料		配比（质量份）							
		1#	2#	3#	4#	5#	6#	7#	8#
聚合物 B	二甲基二烯丙基氯化铵	300	800	750	600	400	300	250	200
	丙烯酰胺	700	200	250	400	600	700	750	800
	二乙基二烯丙基氯化铵	200	10	50	100	150	200	250	300
	引发剂	适量	适量	适量	适量	适量	适量	适量	适量
聚二甲基二烯丙基氯化铵		200	20	80	160	240	320	480	560

制备方法

（1）在反应釜中加入二甲基二烯丙基氯化铵、丙烯酰胺、丙烯酸以及引发剂，在 10~80℃的温度下，反应 3~8h，制得聚合物 A。

（2）在另一反应釜中加入二甲基二烯丙基氯化铵、丙烯酰胺、二乙基二烯丙基氯化铵以及引发剂，在 10~80℃的温度下，反应 3~8h，制得聚合物 B。

（3）将聚合物 A 与聚合物 B 混合，再加入聚二甲基二烯丙基氯化铵，在 10~50℃的温度下进行复合，可得成品。

原料介绍　　本品中各组分的质量配比范围如下：聚合物 A 中二甲基二烯丙基氯化铵与丙烯酰胺的配比关系为（1:0.25）~（1:4），丙烯酸为 1~30，引发剂可以是过硫酸铵或亚硫酸氢钠。

聚合物 B 中二甲基二烯丙基氯化铵与丙烯酰胺的配比关系为（1:0.25）~（1:4），二乙基二烯丙基氯化铵为 1~30，引发剂可以是过硫酸铵或亚硫酸氢钠。

聚合物 A 与聚合物 B 的配比关系为 1:1，聚二甲基二烯丙基氯化铵为 1~28。

产品应用　　本品适用于含油废水（如炼油厂排放的含有分散油和乳化油的废水）的处理。

产品特性　　本品的制备工艺简单，操作安全；性能优良，使用方便，无须制备无机物而单独使用，产生絮凝体速度快，除油率高，水质透明度高；性质稳定，安全可靠；不腐蚀设备及堵塞管道，对含油废水处理投入量少，大大减少了设备维修次数，可以节约大量"三泥"处理费，减少二次污染。

配方 98
有机无机复合型絮凝剂

原料配比

原　料	配比（质量份）		
	工艺一	工艺二	
	1#	2#	3#
铝盐	10	20	15

续表

原 料	配比(质量份)		
	工艺一	工艺二	
	1#	2#	3#
钙盐	15	—	—
二氰二胺	5	10	8
甲醛	5	10	10
水	加至100	加至100	加至100
酸或碱	适量	适量	适量
聚合促进剂	1	—	—
溶合剂	1.2	—	—

制备方法

方法一:

(1) 将铝盐放入50~65℃的水中,在搅拌的情况下使之溶解,然后用酸或碱调节 pH 值为1.0~3.0,即完成水解反应。

(2) 在搅拌的情况下将钙盐加入步骤(1)铝盐的水解液中,升温至90~100℃,然后加入聚合促进剂,反应1~3h,即完成聚合反应。

(3) 在搅拌的情况下将溶合剂和二氰二胺加入步骤(2)溶液中,待溶解后加入甲醛,在90~100℃温度下反应5~8h,即完成缩聚反应,可得成品。

方法二:

(1) 首先将水加热至90~100℃,并加入酸调节 pH 值为1.0~2.0,然后在搅拌情况下加入二氰二胺,待其溶解后加入甲醛并在90~100℃保温4~5h;然后在搅拌情况下将铝盐加入上述溶液中,将温度降至80~90℃保温反应2~3h,即可得成品。

(2) 首先将水加热至90~100℃,并加入酸调节 pH 值为0.5~1.0,在搅拌情况下加入铝盐;在搅拌情况下将二氰二胺加入上述铝盐水解溶液中,溶解反应0.5~1h,再加入甲醛,在90~100℃保温反应5~7h,即可得成品。

原料介绍

所述铝盐可以是硫酸铝或氯化铝;钙盐可以是氯化钙或硝酸钙;酸是指有机酸(如甲酸、乙酸、草酸、酒石酸、柠檬酸等)或无机酸(如硫酸、盐酸、磷酸等),用以调节 pH 值;碱是指氢氧化钠,用以调节 pH 值;聚合促进剂可以是水玻璃或稀土盐溶液;溶合剂是指无机铵盐,如硫酸铵、氯化铵、硫酸氢铵、磷酸二氢铵等。

产品应用

本品用于废水处理,特别适用于高碱度、高色度废水的处理。

产品特性 本品耗药量低，能有效地消毒、杀菌、净化废水，絮凝能力强、效率高，废水处理效果理想；对高碱度、高色度的废水，处理后的水可重新回用，处理后的废渣可作为合成燃料、超强吸水剂、颜料填料等产品的原料。

本品原料易得，生产工艺简单，均在常压下进行，所需设备为常规设备，生产周期短，整个工艺流程无废气、废水、废渣排放，不污染环境；稳定性好，无毒并略带香味，便于存放与运输；使用不受季节、区域限制。

配方 99
有机无机物共聚脱色絮凝剂

原料配比

原　　　料		配比（质量份）
A	37％的甲醛	290
	双氰胺	140
	氯化铵	70
	羟乙基乙二胺	15
B	三氯化铁	70
水		40

制备方法

方法一：在带机械搅拌器和温度计的反应器中，加入37％的甲醛、双氰胺、氯化铵、羟乙基乙二胺、三氯化铁和水，开动搅拌器搅拌，用水浴加热，该反应属放热反应。反应开始后，停止加热，控制温度为80～85℃，反应4h；然后冷却至25～30℃，得产品。

方法二：在带机械搅拌器和温度计的反应器中，加入37％的甲醛、双氰胺、氯化铵、羟乙基乙二胺和水，开动搅拌器搅拌，用水浴加热，该反应属放热反应。反应开始后，停止加热，控制温度为85～90℃，反应3h；然后冷却至30～35℃，加盐酸调节pH值至1～2左右；加入三氯化铁，再继续搅拌30min，得产品。

产品应用 本品主要用于工业废水的处理。

产品特性 本品原料易得，配比科学，工艺简单，通过改变A、B两组分之间的比例，可以得到不同的产品，满足不同的工业废水的处理需要。本品使用方便，絮体大，沉降速度快，处理效果好。

配方 100
制糖专用絮凝剂

原料配比

原料	配比（质量份）			
	1#	2#	3#	4#
聚丙烯酰胺	85.7	78	68	94.5
食品级聚丙烯酸钠	12.3	9.5	20	3
乙二胺四乙酸二钠	1	—	—	—
二乙烯三胺五亚甲基膦酸钠	—	1.2	—	—
焦磷酸钾	—	—	0.3	—
乙二胺四乙酸四钠	—	—	—	0.5
酒石酸钠	—	—	—	1
Na_2SO_3	1	—	—	—
Na_3PO_4	—	0.8	—	—
K_2CO_3	—	—	2.2	—
氢氧化钠	—	—	—	0.5

制备方法
将聚丙烯酰胺、食品级聚丙烯酸钠、金属配位剂和碱性物质称量，混合均匀后得到制糖专用絮凝剂产品。

原料介绍
所述的聚丙烯酰胺由不同分子量（$5.0\times10^6\sim3.5\times10^7$）和阴离子度（$0\%\sim40\%$）的混合聚丙烯酰胺组成。

所述的聚丙烯酰胺优选分子量为 $1.3\times10^7\sim2.5\times10^7$，阴离子度为 $20\%\sim30\%$ 的混合聚丙烯酰胺。

所述的食品级聚丙烯酸钠优选的分子量为 $5.0\times10^6\sim4.0\times10^7$。

所述的金属配位剂包括酒石酸钾钠、酒石酸钠、葡萄糖酸钠、海藻酸钠、乙二胺四乙酸二钠（EDTA-2Na）、乙二胺四乙酸四钠（EDTA-4Na）、胺三亚甲基膦酸盐、焦磷酸钾和六偏磷酸钠中的一种以上的配位剂。

所述的碱性物质包括 NaOH、KOH、Na_2CO_3、Na_2SO_3、K_2SO_3 和 Na_3PO_4 中的一种以上的碱性物质。

产品应用
本品主要应用于甘蔗制糖生产过程中的蔗汁过滤澄清工段。

本品制糖专用絮凝剂在蔗汁中的添加量为 $1\sim5mg/L$。

产品特性

（1）聚丙烯酰胺和食品级聚丙烯酸钠在水溶液中容易形成带负电的大分子基团，这种负电性的变化与蔗汁中呈相对稳定的悬浮颗粒或胶体吸附的钙离子发生电中和、吸附等反应，通过钙离子的架桥作用以及絮凝物的网捕作用，加剧悬浮颗粒间的碰撞凝聚，使其产生絮凝下沉或上浮的效果。

（2）不同阴离子度与不同分子量的聚丙烯酰胺与食品级聚丙烯酸钠的搭配使用，可吸附蔗汁中不同成分、不同性质、不同大小的微粒与胶体物质，能快速形成架桥网络，对杂质有较好的去除作用，絮凝效果良好。

（3）采用本品制糖专用絮凝剂，可以极大地增加糖厂蔗汁的沉降或上浮速度，从而有效地缩短固液分离时间，提高设备利用率。

（4）本品采用的金属配位剂的主要作用是配位水中的铁离子等金属离子，消除配制水中金属离子对絮凝剂的影响，从而使本品制糖专用絮凝剂受溶解水的水质影响降低，可以广泛用于整个制糖行业。

（5）本品采用了不同分子量的聚丙烯酰胺与食品级聚丙烯酸钠，按一定的阴离子度和一定比例，与金属配位剂或一些碱性物质进行复配使用，对糖厂蔗汁具有良好的辅助澄清性能，且该制备方法简单、处理成本低，值得在糖厂推广应用。

参 考 文 献

CN—201310075390. 4 CN—200810150803. X CN—200910196018. 2

CN—201110436186. 1 CN—201010555942. 8 CN—200910115522. 5

CN—201110320758. X CN—201110426145. 4 CN—200810017951. 4

CN—200810226114. 2 CN—201110427648. 3 CN—201210192320. 2

CN—200810229856. 6 CN—201210401829. 3 CN—201210190453. 6

CN—201110350493. 8 CN—200910232498. 3 CN—201210192266. 1

CN—200910016228. 9 CN—201010561357. 9 CN—200810073593. 9

CN—200910194176. 4 CN—201010259286. 7 CN—201210487757. 9

CN—200910196533. 0 CN—201110416340. 9 CN—200910003789. 5

CN—201210382022. X CN—201010595216. 9 CN—201210004639. 8

CN—200910064719. 0 CN—201210389618. 2 CN—201010131625. 3

CN—200910233336. 1 CN—201110312957. 6 CN—200810126073. X

CN—200810153839. 3 CN—201010555921. 6 CN—201110426172. 1

CN—201010514079. 1 CN—201110031372. 7 CN—200810130986. 9

CN—201010140028. 7 CN—201210010437. 4 CN—201210454119. 7

CN—201010596424. 0 CN—201210476652. 3 CN—201010596387. 3

CN—200810050405. 0 CN—201110148961. 3 CN—201210220893. 1

CN—201210252716. 1 CN—201010133110. 7 CN—201210363687. 6

CN—201110120586. 1 CN—201210530889. 5 CN—200910233337. 6

CN—200810232407. 1 CN—200910302817. 3 CN—200910059009. 9

CN—200910214568. 2 CN—201010555786. 5 CN—201210379148. 1

CN—201010287363. X CN—200810154566. 4 CN—201310140816. X

CN—201210255156. 5 CN—200810052095. 6 CN—201010255399. X

CN—201210402656. 7 CN—201210539665. 0 CN—201110222749. 7

CN—200910310031. 6 CN—201110136586. 0 CN—201110380716. 5

CN—200910233335. 7 CN—200810117712. 6 CN—201110419494. 3

CN—200810050673. 2 CN—201110231134. 0 CN—200810231529. 9

CN—201110262913. 7 CN—201210120793. 1 CN—201110008204. 6

CN—201210118182. 3 CN—201110357880. 4 CN—200910054077. 6

CN—200910018028. 7 CN—201210253447. 0 CN—201210486922. 9

CN—200810243756. 3 CN—200910117281. 8 CN—200910244168. 6

CN—201110407043. 8 CN—201110231449. 5 CN—201010145200. 8

CN—200810249653. 8 CN—201210231422. 0 CN—200910054075. 7

CN—201210571407. 0 CN—201110395964. 7 CN—201110058510. 0

CN—200810197218. 5 CN—200810027737. 7 CN—201010279916. 7

CN—201110197982. 4 CN—200910182037. X CN—201210544982. 1

CN—201010557601. 4 CN—201010237577. 6 CN—201210487064. X

CN—201010155917. 0 CN—201210276890. X CN—201110204379. 4

CN—200910244216. 1　　CN—201210111205. 8　　CN—200910194347. 3

CN—201210409835. 3　　CN—201110057522. 1　　CN—201210220860. 7

CN—201010238731. 1　　CN—201010535478. 6　　CN—201010282655. 4

CN—200910219067. 3　　CN—201210189961. 2　　CN—201110426137. X

CN—201010259911. 8　　CN—201210188260. 7　　CN—201010113971. 9

CN—201110331557. X　　CN—200910213938. 0　　CN—201110296659. 2

CN—201210401772. 7　　CN—201010205360. 7